U0429057

Richard Templar
泰普勒法则丛书

活好

为你自己活一次

原书第2版
Second Edition

[英] 理查德 · 泰普勒 著
陶尚芸 译

The
Rules of
Living Well

北京市版权局著作权合同登记号　图字：01-2023-3548。

图书在版编目（CIP）数据

活好：为你自己活一次：原书第2版 /（英）理查德·泰普勒（Richard Templar）著；陶尚芸译. — 北京：机械工业出版社，2024.4（2024.5重印）

书名原文：The Rules of Living Well，Second Edition

ISBN 978-7-111-75437-4

Ⅰ. ①活…　Ⅱ. ①理…　②陶…　Ⅲ. ①人生哲学－通俗读物
Ⅳ. ①B821-49

中国国家版本馆CIP数据核字（2024）第061947号

机械工业出版社（北京市百万庄大街22号　邮政编码100037）
策划编辑：坚喜斌　　　　　责任编辑：坚喜斌　陈　洁
责任校对：郑　雪　张亚楠　责任印制：张　博
北京联兴盛业印刷股份有限公司印刷
2024年5月第1版第2次印刷
145mm×210mm · 9.125印张 · 1插页 · 195千字
标准书号：ISBN 978-7-111-75437-4
定价：59.00元

电话服务　　　　　　　网络服务
客服电话：010-88361066　机　工　官　网：www. cmpbook. com
　　　　　010-88379833　机　工　官　博：weibo. com/cmp1952
　　　　　010-68326294　金　　书　　网：www. golden-book. com
封底无防伪标均为盗版　　机工教育服务网：www. cmpedu. com

感　谢

我要特别感谢以下三位人士：

哈尔·克瑞兹（Hal Craze）是拥有极其冷静的心态的人。

安德鲁·格林（Andrew Green）先生对退休的态度直率。

埃利·威廉姆斯（Elie Williams）女士拥有丰富的人生智慧。

序　言

你的生活有多忙碌？大多数人都在工作、朋友、学校、家务、家庭、运动、购物、孩子之间奔波。你在这一切事务中扮演什么角色？我想你虽然在自己宇宙的中心，但有时只有一席之地，并且还被其他需求挤得无法喘息。然而，除非你能在正在消失的一席之地保持健康并感到舒适和快乐，否则你无法充分满足所有这些需求。你不只是想活着，还想活好。

当然，幸福不是一种你可以全天候拥有的状态。人生总有起起落落，美好的时刻与糟糕的时刻形成鲜明对比，因而美好的时刻显得更加美好。如果我们把永久的幸福比作一种感觉的话，我想它可以和无聊相媲美。我更喜欢“满足”这个词：它允许起起落落，但意味着在日复一日的担忧之下，你对自己的命运大体上感到满意。这是一种潜在的状态，而不是表面的情绪。幸福、健康、美好的生活（也就是“活好”，随便你怎么说）都是一种生活状态，每天都是最好的一天。

但在充满冲突和狂热的生活中，“满足”是一种很难实现的状态。现代世界在增加或减少人类的幸福方面负有很多责任。但归根结底，我们要对自己的幸福负责，我们不能把这一切都归咎于这个时代。照顾好自己是我们的责任。自我帮助是最好的方式。当你周围的人都失去理智的时候，你完全有可能保持健康和放松，但是，除非你专注于自己，否则这是不可能发生的。

这种满足感的基础，这种真正过上好日子的能力，就是你的健康。顺便说一句，这是最广泛意义上的“健康”。首先，为了让生活为你服务，你需要保持良好的健康、拥有强健的身体。你需要吃对食物，做对运动，尽可能地放松，让你的身体保持良好的状态。

当然，你不需要成为一名运动员，只需要建立一个合理的基准线，这意味着你可以承受任何疾病或受伤的打击，并尽快恢复。每个人的基准线都不一样，这取决于你的年龄和潜在的健康问题或残疾因素。但重要的是，你要找到保持身体健康和恢复能力的基准线。

然而，你的身体健康只是一个基础项。如果你无视自己的心理健康，任由它变差，那么你对生活感到不满只是时间问题。除非你像重视身体健康一样重视自己的心理健康，否则你永远不会感到满足。事实上，即使没有良好的身体健康，你也可以精神强大，对生活感到满意。随着年龄的增长，我们的身体都会在某种程度上衰退，但许多老年人仍然生活得很好，也很享受他们的生活。另外，无论你多么健壮，如果你不照顾好自己的心理和情绪，那么你永远不会感到自在。

本书中的一系列法则不仅为你提供了保持身体健康的参考方法，而且阐述了我对情绪健康人群的长期观察结果，值得借鉴与学习。我见过一些人，他们对自己心理和情感需求的理解让他们在生活的各个方面都感到满足，比如在工作中、在学校里、为人父母、在社交中，甚至在退休之后。这些人已经找到了在喧嚣的生活中过得很好的方法，那么，我们为什么不效仿他们，把他们的经验应用到我们自己的生活中呢？

这套法则并不是一些实用的技巧（尽管我可能在本书中时不时地分享一些），而是你可以应用于任何情况的指导原则。它们需要你审视自己的内心，了解自己是如何工作、思考和感受的。别担心，这并不繁重，而且很好玩、很有趣，也很有启发性。在我的一生中，我非常享受观察和学习的过程。我学到了如何平衡自己的生活，如何变得有弹性，如何感到自信㊀，如何应对逆境，这些都改变了我。我可以诚实地说，如果没有遵循这些法则，我就不会有现在的满足感。

这套法则为你提供了一切所需，让你专注于自己，让你生活得更好，让你对自己的命运感到满足。无论如何，我们总会遇到其他有用的法则，所以，请在我的 Facebook 上分享你自己悟到的法则。我渴望并乐意听到和看到大家分享的法则。毕竟，彼此帮助、相互照顾对我们所有人都有益处。

理查德·泰普勒

㊀ 嗯，也许我已经把自信的问题解决了。

玩转生活法则

读一部囊括了100多条让你好好生活的法则的佳作，也许听起来有点令人生畏。我的意思是，你从哪里开始呢？你可能会发现你已经遵循了其中的一些法则，但是，你怎么能期望一下子学会几十条新法则，并开始将它们全部付诸实践呢？别慌，记住，你不需要做任何事情——你这么做是因为你想这么做。让我们把事情保持在一个可控的水平，这样你就可以继续实践了。

你可以用任何你喜欢的方式来做这件事，但如果你需要建议，下面是我的建议：通读本书，挑出3～4条你觉得会对你产生重大影响的法则，或者你第一次阅读本书时突然想到的法则，或者对你来说是个绝美起点的法则。把这些法则写在下面的横线上：

____

____

____

坚持几个星期，直到这些法则在你心中根深蒂固，你就不必那么努力了。它们已经成为你的一种习惯。干得漂亮！现在你可以用你接下来想要解决的更多法则来重复这个练习。把这些法则写在下面的横线上：

____

____

____

太好了，现在你真的有进步了。按照你自己的节奏来实践这些法则——不用着急。不久你就会发现自己真的掌握了所有对你有帮助的法则，而且越来越多的法则会成为你的习惯。恭喜你，你是一个真正的生活法则玩家。

目　录

第一章　平衡

第二章　自信

第三章　韧性

第四章　运动

第五章　放松

第六章　饮食

第七章　学习

第八章　育儿

第九章　工作

第十章　退休

第十一章　挑战

第十二章 附加法则：精神法则

第十三章 其他不可错过的人生智慧

第一章

平衡

人们在生活的各个方面都能找到一种快乐且健康的平衡，我对此深信不疑。这是“凡事适可而止”的变体。你可以把它应用到我们稍后将关注的生活的所有领域，从运动到育儿，从学习到退休。你是一个错综复杂的、难懂难解的、精彩美妙的人，你拥有所有的必备特质，所以，你需要付出时间来享受生活的方方面面。任何东西都不要搞得太多，否则其他东西占用的时间就必然不足。

当然，这不仅仅是你如何分配时间的问题。你需要情感上的平衡、世界观的平衡、兴趣的平衡。所以，本章将教你如何避免过度关注你生活的某个方面而牺牲其他方面。事实上，你的时间是最不重要的部分。如果你开心地把每一个小时的空闲时间花在阅读、慢跑或玩电子游戏上，并且没有对其他人产生负面影响，那就很好。重要的是你对自己的生活大体上感到满意。当然你也会碰到不幸的日子，甚至是倒霉的年月，但只要找到一种良好的平衡方法，你就可以应对糟糕的时期，并从良好的时期中获得充分的价值。

本章关于你对生活的潜在态度的法则，可以真正支撑后面的所有法则，并将为你拥有健康和满意的生活奠定基础。

法则 001

这不全是你的事儿

好了，是时候跟你说实话了。我知道本书叫作《活好：为你自己活一次》，但你最不需要的就是关注自己。为了帮你尽可能地感觉良好，本书介绍了 100 条生活法则，而少为自己考虑则是第一条法则。[㊀]

我不是想让你为难，也不是想责备你把自己放在第一位，更不是想批评你太自负。我是想帮你。事实上，总是想着自己的人很少是快乐的。这不仅仅是我的观点，相关研究也表明了这一点。仔细想想，这并不奇怪。当你专注于自己（或其他事务）时，你一定会开始注意到那些并非你想要的东西——你希望拥有的品质、金钱和人际关系。没有人的生活是完美的，有些事情是你无法改变的，或者至少现在无法改变。你花越多的时间思考这些缺点，它们就越会在你的脑海中占据重要的位置，当你觉得自己被轻视、

㊀ 如何将其与阅读本书相结合是你的问题。

被不公平对待或被忽视时，你就会变得越来越敏感。

我们都了解这样的人，他们不停地谈论自己，如果你试图把话题引向别处，他们就会把话题拉回到他们自己身上。他们认为一切都是围绕着他们转的。例如，他们认为老板重新安排轮值表的目的是惩罚他们、伤害他们，或者出于某种原因让他们的生活更加困难，而从来不是因为老板想要建立一个更有效率的系统，也从来不是因为老板试图在众多员工和优先事项之间取得平衡。这些人无法想象老板没有为他们考虑，因为他们每时每刻都在为自己着想，所以他们无法理解不以自己为中心的世界。

我希望你能拥有最好的生活，当然，如果你从不考虑自己的需求和愿望是行不通的。但为了保持平衡，你要确保你不会总把目光转向自己。你要了解你在大局中的地位，探索你在世界上的位置，并把注意力集中在外面。其实，好东西都在那里。

“私人时间”或“留给我自己的时间”都是我讨厌的短语。你所有的时间都是私人时间，一天 24 小时都是。你为什么不把时间都花在你想做的事情上呢？你可能不喜欢做所有的事情，但最终你做这些事情是因为你想做——我不喜欢做家务，但我不想生活在“猪圈”里；我不喜欢我的孩子发脾气，但我喜欢为人父母，而且发脾气是与生俱来的；我做过我讨厌的工作，因为我需要钱。我本可以换份工作或露宿街头，但我不选择那样做。我的时间，我的选择。我认为“私人时间”背后的意思是“放松的时间”，这本身是好的。但这个短语的部分问题在于它暗示你剩下的时间不那么好，在某种程度上不是你的选择，这让你更难以接受其他活动，但会无奈地承认你也选择了这些活动。

除此之外，这句话还暗示着在你的生活中你比任何人都重要，最好的时间应该留给你自己。在我看来，这听起来很危险，就好像时间的天平失衡了，你正偷偷溜向舞台中央。这可能看起来很诱人，但不会让你开心。

但为了保持平衡，
你要确保你不会总把目光转向自己。

法则 002

这不全是别人的事儿

我们可以用这条法则来平衡上一条法则。法则 001 告诉你不要总是关注自己，但你可能误入歧途，花太多时间观察别人。他们拥有什么？他们在忙什么？他们是如何生活的？

这些都不重要。即便某人有一辆豪车，或者他家孩子比你家孩子更乖，或者他有一份前途光明的工作，或者他似乎每周只工作三天，他的生活也不一定就是美好的。那辆车可能经常在最不方便的地方抛锚；他的孩子会在没人注意的时候捅出大娄子；他可能不得不在不健康的环境中工作。他可能有一个你一无所知的悲惨背景；他可能正在和自己的心魔做斗争。嫉妒别人所拥有的是没有意义的，因为你只看到了好的部分，而整个画面可能与你所期望的完全不同。

关注别人拥有的（或者貌似拥有的），不会让你快乐。你必须利用现有资源。你就是你，这就是你的生活，和别人比较是徒劳的，也是没有意义的。你可以勾选你必须努力的重点。你现在的生活不一定是你永远的生活，因为你有抱负和野心。但你的起点就在这里。你的起点和其他人的起点不一样。

所以，无论如何你都要知道别人拥有什么。你可以这样想："我也想去那里度假。""我没有想过做兼职，每周多花一天时间和家人在一起（或做点园艺工作，或睡觉）。"用你看到的事实来鼓励和激励自己，是一种激发使命感的好方法。但这并不是把你自己和某个特定的人进行比较。否则，这很容易演变成你与他的竞争，这太不公平了，因为你可能不会告诉对方你在跟他竞争。但实际上，这对你自己也不公平，因为你会落后于他（他已经拥有你想要的东西），除非你赢了，否则你不会开心——你可能永远都不会开心。总想在生活中与他人竞争，真的很悲哀。你实际赢得了什么并不重要，重要的是你赢了。

我曾见过一些人过着他们并不真正想要的生活，因为他们一直忙于模仿他人或与他人竞争而忘记了审视自己。例如，他们为了给父母留下深刻印象而与兄弟姐妹竞争（即使那样做是对的，我也不提倡），以至于他们把事业放在孩子之前，或者当他们意识到那未必是最佳选择时已经太迟了。

如果你很聪明，你就会明白，把自己和别人比较也是你自己的问题。说得对！过度关注别人的做法是不健康的，把所有的注意力都放在自己身上并测试自己位置的做法也是不可取的。这两个问题的出现都在于你！你的生活很难达到平衡，不是吗？

总想在生活中与他人竞争，真的很悲哀。

法则 003

关注外部世界

你不能专注于自己，也不能拿自己和别人比较。那你该想些什么呢？我没说你不能为别人着想。只是，专注于自己和别人的关系，总是想着比较或竞争，是没有任何好处的。但是，如果你把自己从这种习惯中完全抽离出来，适当关注外部世界和他人，那你就算找到了通往幸福的道路。

在我所有遭遇过人生不幸（丧亲、离婚、重病）的朋友中，应对得最好的是那些全身心投入照顾他人的人。他们可能会将注意力转向自己的孩子，也可能投入自己的工作。也许这份工作就是照顾他人（可能是需要帮助的朋友），也可能是慈善工作。没关系，因为那些提供帮助的活动的产生原因与活动本身无关。这很有帮助，因为这让他们的注意力向外转移，不再执着于自己内心的伤痛。

你可能会认为，这些创伤性的重大生活变化正是你想要专注于自己的时候。这是完全可以理解的，也是无可非议的。但我们考虑的不是什么是合理的，我们考虑的是什么能带给你多一点健康和快乐。从我多年观察人们的经验来看，我的结论是你需要关注外部世界。

当然，你可以想想哪里出了问题，或者你可以采取哪些实际行动，或者你可以学到什么，这是可以的，甚至是明智的。如果你为某人感到悲伤，显然你会思念他，但要适度，而不是一直想着他，因为这会让你很痛苦。如果他爱你，他真的想要你这样做吗？你可以稍加思索，这有助于处理和理解你的感受。你想要避免的事情是陷入痛苦之中而无法自拔。

一旦你开始纠结于自己的烦恼，你就进入了一个恶性循环。你会变得不快乐、焦虑甚至抑郁，也可能生病。你总是想着你自己和你的麻烦，总是害怕你还会再次遭遇那些可怕的经历。

然而，如果你能找到其他需要你帮助的人，就会分散你的注意力，让你不要过多地考虑自己。仅从理论上，不管他们的麻烦比你的多或少，他们都能帮助你找到正确的视角。记住，比较是不可取的，也是没有帮助的。如果一个人需要很多帮助，或者好几个人需要占用你一点时间，这都没关系。不管他们需要情感支持还是实际帮助，这也无关紧要，因为对你有帮助的是关注自己之外的事情。

最重要的是，帮助别人让你的生活有了目标，让你觉得自己有价值。这对你的自尊心很有好处——你的自尊心最近可能受到了打击。这就是为什么帮助别人比电子游戏、运动或园艺等分散注意力的事物要好，尽管这些事物也能帮你转移注意力。这也是为什么你不应该等到生活一团糟的时候再去尝试。帮助别人应该是我们生活中积极的部分，每时每刻都帮助别人会让我们自我感觉良好，不用总是揪着自己不放。这就是双赢。

一旦你开始纠结于自己的烦恼，
你就进入了一个恶性循环。

法则 004

分散注意力，培养平衡力

我认识一位母亲，她十几岁的女儿正经受着可怕的心理健康问题的折磨。这位母亲无法让一切变得更好，她被女儿的苦苦挣扎弄得心烦意乱，以至于她把自己沉浸在工作中来分散自己的注意力。她有自己的生意，所以她大部分时间都不在家里。

你认为这是好事还是坏事呢？我们先不要把她的女儿牵扯进来，因为这位少女已经大到可以独立生活了，如果她需要一个大人的话，家里还有她的父亲。我问的是这位母亲的做法，她用工作来分散注意力是否有用？

嗯，这是个刁钻的问题，因为我们无法回答。只有她知道这个问题的答案，而且只有当她坐下来仔细想清楚的时候，她才会有答案。事实是，这可能是有益的，也可能是无益的，这取决于她怎么做及为什么这么做。在类似的情况下，我们都需要意识到这一点。

对于很多事情来说，分散注意力的效果不可低估。当强烈的感情威胁要压倒你的时候，这是临时修复自我的一个好方法，可以十分方便地把你从那些你无法改变的无意义的担忧中解脱出来。比如，我的孩子第一天上学怎么样？如果我母亲的手术没有医生预期的那么简单怎么办？我在出门之前真的把猫放回来了吗？

不过，完全分散自己的注意力而不去关注那些不会消失的感觉，绝对是有害的。最好的情况是你要解决这些问题，这是早晚的事儿；最坏的情况是你会给事情留出时间来恶化或扩大，所以，当你最终不得不面对这些问题时，事情会变得更加折磨人。换句话说，这是在掩耳盗铃、自欺欺人。你可以逃跑，但你无法隐藏你的感受，麻烦事儿往往会从其他地方冒出来，如普通的焦虑、错误的决定或恼人的皮疹。显然，当你分散自己的注意力，不让自己因为一点小小的社交失态而感到尴尬时，这种情况不会发生，但如果你忽视了你需要面对的强烈感觉，这种情况很可能不会消失，除非你处理好了这个问题。

解决问题的关键在于培养平衡力。你要把注意力从那些如果你忽视了就会消失的小事上转移开，但不要试图逃避那些无论如何都会困扰你的重要事情。所以，你要有自知之明，意识到什么时候应该把分散注意力作为一种策略，并实事求是地考虑这是不是个好主意。如果这些感觉是你必须要处理的，那么，在大部分时间里分散自己的注意力仍然是好的。关注他人且继续自己的生活吧！但你也要留出一些时间来处理你自己的愤怒、压力、悲伤、担心或恐惧。这可能需要几个小时，也可能需要几年的时间（需要多久就多久），大量分散注意力会帮助你应对一些艰难的时光，比如在晚上坐下来思考的时候、你独自在车里哭泣的时候、你接受心理医生治疗的时候。

真正的工作必须在你的头脑中进行，所以，我们无法知晓我提到的那位母亲是否在做这件事。只有你自己知道你是否达到了这种平衡，你必须为你如何处理自己的感受而负责。

你可以逃跑，但你无法隐藏你的感受。

法则 005

沿着你的能量曲线走

当孩子们还小的时候，我和妻子想了一个办法，熬过了我俩一起忙家务的日子。过去，如果我开始感到压力越来越大[㊀]，我就会休息大约十分钟，然后我就可以精神抖擞、兴高采烈地返回“战场”了。而我的妻子从来没有休息过，她会处理孩子们从醒来到睡觉期间的争吵、暴怒、混乱和噪声。

你可能认为这听起来不太公平，但她和我一样对这个安排感到满意。你看，一旦孩子们安静地睡着了，她就瘫倒在沙发上直到就寝，这一天对她来说就这样结束了。与此同时，我会把需要清洗的餐具放入洗碗机、打扫厨房、遛狗……换句话说，我会在这个时候把一天中早些时候的小歇空档都弥补上。

我们都有自己的节奏和能量周期。我的妻子非常乐意不停地干活儿，但是，一旦她最终停下来，她的能量就下降了，也就不

㊀ 没事，没事，有时候她会命令我休息一下。

想再动了。而我的能量以不同的方式运转，只要我能偶尔休息一下，我就能愉快地坚持到睡觉时间。事实上，我讨厌在一天的最后几个小时里一动不动地坐着，更喜欢每隔大约半小时就找个借口突然起身去做点什么。

如果不是我们偶然发现了一种让我们协同工作得如此好的方法，那么，我俩都会认为夫妻协作是一项非常艰难的工作。重要的是，你要了解自己的能量曲线，以及那些与你生活或工作密切相关者的能量曲线。如此，你可以多花点时间顺应能量波动，少花点时间和自己较劲。

当然，这不仅仅是作息的问题。我们中的一些人是早起型的人，或者最擅长在早上思考难题，但在一天快结束时身体更有活力。你可能在周一——一周开始的时候——最有效率，或者在长时间打完电话或视频电话后再也没有精力起床做饭了。

一旦你了解了这些能量波动（无论是情绪的、智力的还是体能方面的），你就可以和你的能量曲线打配合了。为什么要对抗你的能量曲线？你可以在前一天早上为次日的销售会议做准备，也可以在傍晚时分遛狗，或者在接一个冗长的电话之前准备好饭菜，或者每天做 15 分钟的体育锻炼而不是一周两次的长时间运动。当然，生活并不总是这样的，你的老板不会因为你是“早起型的人”而不计较你整个下午都在办公桌前打盹。但你会惊讶地发现，当你熟悉自己的能量曲线时，你就能很好地跟随能量波动的规律，这样你会更好地理解自己。比如，在跟最好的朋友通话之后，你会吃点奶酪和饼干。

记住，别人在做什么并不重要。那么，如果你的同事每天8:15开始工作，或者你的兄弟常常在健身房一待就是一个小时，会怎样呢？你可以无视这一切。你只要学习和多使用对你最有效的方法。这会让你的生活轻松很多。

你可以多花点时间顺应能量波动，
少花点时间和自己较劲。

法则 006

边界划分要整齐

我对这条法则感到有点不舒服，因为“整齐”不是我的强项。我发现，无论是实地划分，还是在心灵上划分，我都很难做到。然而，我确实知道，当我设法达到这个境界时，我的感觉好多了，所以，我会毕恭毕敬地传递本条法则的精神。[㊀]

虽然能够同时处理多项任务是非常明智的，但这对你和你周围的人来说都不是很轻松。有很多时候，我们不得不这样做，比如在打工作电话时签署文件、在给家人做晚餐时照顾孩子、在遛狗时脑子里惦念着第二天的会议。这一切都是非常必要和有用的能力。

然而，也有很多时候，我们不必这样做，实际上，最好不要这样做。无数的研究表明，如果你一次做多件事，几乎总是至少有一件会受到影响。你不用看研究报告就能知道内情。当你看手机的时候，你并没有真正在听你的伴侣说话，不是吗？

所以，你需要在你的生活中找到一个平衡点，在你以某种方式同时处理多项任务的时间和你专注于一件事的时间之间找到一

㊀ 这也不是我的强项。

个平衡点——这可能是一项任务或家务，也可能是一个人（或狗）或一个活动。我们很容易把所有的时间都花在半心半意地做几件事上，而没有全神贯注地做一件事。

因此，你要明白，你最好集中你的全部注意力去关注某些时间或事情。你知道我指的是哪些事，它们与人有关，也和任务有关，比如，你需要花时间倾听同事的意见，或与孩子玩耍，或与朋友制订计划。

现在，请为自己设定一些明确的基本法则，确保何时以及如何保持注意力集中，并划出一些清晰的边界线。

电子产品不是分散注意力的唯一因素，却是其中的一个重要部分。例如，你可以规定吃饭时不要看手机，或者给孩子们读故事的时候不要看手机。你可以给自己固定一个小时左右的时间和你的伴侣一起度过，你们只专注于彼此，不能突然起身去处理其他事情或查看你的工作邮件。也许你规定自己在 19:00 之后推掉所有与工作有关的事情，或者确保你在周日不工作，或者不要在晚上考虑钱的问题（我知道，这说起来容易做起来难）。

你要找出哪些基本法则会让你和你身边的人受益。每个人的基本法则都不一样，而且会随着时间的推移而改变，但我们都需要这些法则来放松自己和保持冷静。其中一些法则可能会让你觉得一开始就需要付出巨大的努力（尤其是那些拒绝电子产品的事情），但如果你理智地划分边界，并坚守底线，你很快就会发现自己感觉更平静、更快乐，你的人际关系也会随着你的心情而改善。

当你看手机的时候，

你并没有真正在听你的伴侣说话，不是吗？

法则 007

预测生活中需要平衡的事情

正如前几条法则所述，在日常生活中找到平衡点对你的总体幸福感很重要。生活充满了不可预测性，这就是人生的乐趣所在。所以，一条稳定且平衡的基准线会给你一个健康的起点，每当你脱离轨道时都能让你回到正轨。

然而，这不仅仅关乎你的日常生活。你很容易陷入喧嚣之中，就像活在弹球机里一样，每天都跳来跳去，把大部分时间都花在“交火”上。在某种程度上，当事情进展顺利时，这可能是相当令人愉快的。但你也需要关注大局。

这不是你每天都要考虑的事情，但你需要时不时地检查一下，预测一下生活中需要平衡的事情有哪些。你是否将你的时间、注意力或关怀充分平衡地分配在了工作、家庭、朋友、事业等方面上。你的工作进展得如此顺利，以至于你都忘了花时间去寻找或维持一段感情了吗？你和朋友在一起的时间够多吗？你最近一次沉迷于你最喜欢的爱好是什么时候？你的工作也许有进步，但你的长期职业规划有进展吗？

其中一些例子（或所有的例子）可能并不适合你的情况。如果你不想谈恋爱，或者不想打高尔夫球，或者不想在事业上出人头地，你就不必强求自己。重要的是，你要有意识地做出这些选择，不要等将来再回头看时才意识到你本该花更多的时间陪伴父母、申请其他工作或继续打篮球。

避免这种情况出现的方法就是要意识到你是如何平衡生活中的一切大事的。任何适合你的都可以，你可以自由地减少你在想要专注的任何领域的时间，但为了你自己，你要做一个深思熟虑的决定，而不是偶然为之。

生活需要变化，我们大多数人会因为变化而快乐。我们不仅需要各种各样的活动，而且还要带节奏。在让自己忙碌的同时也能放松是最好的状态。事实上，对比之下，忙碌可能会让放松更令人愉悦。我们需要独处的时间，也需要和他人在一起的时间，具体的需求因人而异。当然，我们还需要花时间照顾他人。我们的生活甚至需要一定程度的压力。有一些形式的压力是我们永远不会选择的，积极的压力总比负面情绪好。然而，我们需要练习应对每天的负面挑战，这样，当重大的事情来临时，我们就能做好准备。

所以，帮你自己一个忙，在做事时集中注意力。这一切都是为了什么？对你来说真正重要的是什么？你需要什么来保持活力、健康和理智？你是否在工作上花费了太多时间，或者在其他地方没有足够的时间？如果你经常自查，你通常只需要做一些小小的改进，而不是重大的生活改变。所以，让自己轻松一点，并定期关注大局。

生活需要变化，我们大多数人会因为变化而快乐。

法则 008

现在就做你想做的事情

有多少次你听到人们说“等孩子们长大离家，我们就去环游世界”或者“等我攒够了钱，我就辞掉工作，自己创业”？我们都这么做过，即为长远的未来做计划。这是一件值得期待的事情。

我最近读到一个有趣的统计数据，是关于自建房的，这对很多人来说是一个长期计划。显然，在那些说自己想建房子的人中，90% 的人从未真正开始过自建房工程。想想就觉得挺郁闷的。也就是说，其中 90% 的人从未真正实现过自己的梦想。

他们为什么不行动呢？我想，他们中的一些人喜欢这个想法，但又不想顶着压力去做这件事；一些人可能无法解决资金或选址方面的实际问题；一些人可能会被生活中发生的事情所压倒，这些事情会让生活变得更加困难，或者不再称心如意；还有一些人可能直到他们觉得年纪太大而不能承担这样的工程时才抽出时间去做。

但这不是很可悲吗？我相信他们中的一些人会继续前进，不会后悔，但问题是 90% 的人都存在这样的情况。他们中的许多人在事后回想起来，一定会悔不当初。那他们为什么不这么做呢？

问题是，生活在感染着你，现代社会要求我们着眼于当下，而不是遥远的未来。

你的梦想可能是生孩子、攀登珠穆朗玛峰、专职做音乐、移居乡村或写书，无论是什么，你如何确保自己不是那 90% 中的一员呢？对于这个问题，答案显而易见，不要让自己空想，而是现在就行动起来。只管去做吧！我知道，这并不适用于所有事情，但你可以带着孩子乘船环游世界，或者辞去高薪工作成为一名艺术家。有些人做到了，那你为什么不这么做呢？也许你有一个不这样做的好借口，但请认真考虑一下，你是否意识到自己喜欢做白日梦，而不是努力让梦想成真。这很好，我也很高兴你意识到了这一点。不是每个人都适合带着孩子去周游世界，我敢说大多数人都不适合，但你可能适合。

如果做不到这一点，那就制订一个合适的计划，记得不要只是做做白日梦，而是要制订一个有目标、日期和相关事宜的计划。你什么时候辞掉这份工作？你需要存多少钱？你打算怎么做？你真正想要什么样的自建房，以及建在哪里？你需要准备什么来开启你现在没有开启的自建房工程？这种严谨的计划意味着你可以把真正做这件事的日期提前，而不是简单地谈论和幻想。

你不能一辈子都在做白日梦，如果你不努力去实现你的梦想，那就永远不可能梦想成真。所以，你可以把其中的一些幻想留给遥远的未来，或者只是做白日梦，但要确保其中的另一些梦想可以实现。为什么要把今天的梦想拖到明天去实现呢？

这种严谨的计划意味着你可以把真正做这件事的日期提前。

法则 009

活在过去、当下和未来

这是终极的平衡方法。本书中的法则，有的建议你活在过去，有的劝你活在当下，有的告诉你要放眼未来。而真正的生活技巧是能够同时做到这三点，并在这三者之间保持良好的平衡。

如果你从未考虑过你的过去，你就无法从你的经验、错误和成功中吸取教训。当然，有时候你需要回顾过去，以便充分利用现在和未来。过去是你所有记忆的所在，其中许多都是快乐和安慰的巨大来源，但有时会苦乐参半。相反，过去也是沉沦、自怜、内疚、羞愧、后悔以及许多痛苦情绪的家园。所以，你需要经常去“拜访”过去，但要警惕陷阱，不要忘记如何在必要时找到出口。

我们都必须活在当下，这几乎是不可避免的。那些能充分利用当下的人往往能从生活中获得最大的快乐，因为他们不担心后果。我还记得我年轻时躺在海滩上的场景，当时我的头发很长，海浪从我身边冲过，我的头发沾满了沙子。后来，我花了好几个小时才把沙子清洗干净，不过，我当时从未纠结于此，所以，我的快乐一点也没有减少。然而，过于关注当下的人往往难以应对变化——变化是生活中不可避免的一部分——那是因为他们从来没有为此做过计划或准备，而他们必须展望未来才能从容应对变化，但这又不是他们的专长。如果不回头看，他们就更难从错误中吸取教训，比如没有为不可避免的变化做好准备。

那些倾向于生活在未来的人呢？保持乐观对他们来说要容易得多。明天总是新的一天，你可以梦想所有你想象的好事总有一天会发生。你可以制订计划，做好准备，只要你愿意，你就有可能梦想成真。这是一个令人愉快和兴奋的境界，只要你不倾向于担心你无法改变的事情就好。这样做的风险在于你可能会忘记享受当下，就像你花了很长时间拍了一张完美的日出照片，而在此期间，你没有真正放松自己去欣赏日出本身的美。当你担心如何把头发上的沙子弄掉时，你无法享受海浪冲刷你的爽快感觉。正如我们在上一条法则中看到的，如果你真正想要的东西总是在未来，那么你永远不会梦想成真。

因此，正如守财奴斯克鲁奇在《圣诞颂歌》（*A Christmas Carol*）的结尾总结的那样，你应该生活在过去、现在和未来。这三者都有能力给你带来满足和快乐，你只需知道何时回忆过去、何时关注当下、何时计划未来，以及何时离开。

要警惕陷阱，不要忘记如何在必要时找到出口。

第二章

自信

如果你想成为最快乐、最成功的人，那么，你需要自信。相信自己，相信自己所做的选择，相信自己面对世界的方式。你肯定不想一生都因为缺乏自信而为你做的每件事和你做的每一个决定感到担忧和疑惑。

这与傲慢、自满或过度自信无关。你会有很多机会花时间考虑最佳行动方案，或者搞清楚你是否能为未来学点什么技能。质疑自己并没有错，但你要本着浓厚的兴趣和学习的愿望去质疑，而不是因为缺乏自信而质疑。

最重要的是，你不需要担心别人对你的看法。如果有人问你“2加2等于几”，然后在你说“等于4”的时候嘲笑你，那是他们的问题，你懂的。如果你天生自信，即便他们嘲笑你的穿着方式、你的口音或你抚养孩子的方式，你也不会将问题归咎于自己。只要你知道自己已经想清楚了，并且对自己的选择感到满意，别人的想法便无法影响你的自信和自尊。即使你听取了他们的意见（非常正确的意见），并认为他们的观点有用，你也不会质疑你的人格，你只会改变你的某些行为，并为自己学到了一些东西而心存感激。

因此，下面的法则旨在帮助你对自己充满信心，因为这是你在工作、家庭、与家人和朋友相处中充分利用一切的能力的基础。

法则010

你的感觉你做主

你的自信程度很大程度上取决于别人如何看待你，或者更确切地说，取决于你认为别人是如何看待你的。你的感觉或许出错了，事实上，许多缺乏自信的人都会认为别人觉得他们愚蠢、没有吸引力或无能，而实际上，别人眼中的你可能根本不是这样的。所以，你是在根据自己对他人评判的判断来评判自己，这是你没有安全感的一个相当站不住脚的理由。此外，他们可能根本就不是在评判你，只是担心你对他们的看法。

问题在于，这些假想的观点会影响你的感受。即使有人告诉你，你在工作中很糟糕，或者身为父母也很糟糕，你也不必同意他们的观点。我的一个朋友是一名出色的室内设计师。如果你质疑她的设计方案，她会自信地向你解释为什么该方案切实可行。但如果你质疑她抚养孩子的方式，她会感到痛苦，觉得自己是个不称职的母亲。为什么？因为她对自己的工作很有信心，但对自己的育儿技巧没有信心。所以，这是她的问题，而不是别人的问题。我们中的许多人在生活的不同领域之间存在着自信水平不匹配的问题。

你要对你的感觉负责，因为别人不会对你的感觉负责。重要的是你怎么想，而不是别人怎么想。无论这是一种具体的自信缺失，如在育儿或工作上的自信缺失，还是一种更普遍的社交自信缺失，你都需要关注自己对自己的看法，而不必在乎别人的想法或言论。

你要忽略别人的看法，自己判断你是否达到了预期。如果感到痛苦和没有安全感，那就做点什么吧！仔细思考，采用新的策略，寻求帮助，接受一些培训；如果你想的话，可以换个工作，让自己达到一个你知道自己擅长工作的地步，然后对自己的工作充满信心和安全感。记得不要依赖任何人来引导你的感受。

这种方法（找出不足之处并加以修正）也适用于社交自信。如果你想感觉更自信，你就必须努力。不要认为你不擅长社交，更不要认为你永远也无法做到擅长社交。你可以通过学习技巧和策略来培养自己的社交自信，让自己稍稍走出舒适区，直到感觉良好，并准备好进一步扩大舒适区的范围。

这也可以帮助你思考为什么你缺乏自信。有时，自信缺失的根源在于过去，比如，你的父亲曾经对你说过的话，或者你曾经在学校被人霸凌的经历。现在你是一个成年人了，你可以走出昔日的困境，走进让你更自信且更适合你的环境。在分析了社会不安全感产生的根源之后，你就会有意识地做出改变，这是轻而易举的事。

顺便说一下，你可能已经明白了，如果你不能依赖别人给你的差评（无论是真实的还是你感知到的），你也就不能依赖他们的好评。如果人们赞美你、钦佩你或尊重你，这固然很好，我希望你会享受这些，但不要让这些代替了你对自己的真实评价。

重要的是你怎么想，而不是别人怎么想。

法则
011

了解自己，认清自己

古希腊德尔斐神庙是著名的神谕圣地，神庙的庭院里有三处碑文。第一个是“gnothe seauton”，翻译过来就是“认识你自己”。它曾被苏格拉底和其他许多人引用，被誉为“智慧的基石”。“认识你自己”可以说是终极法则。

本条法则是上一条法则的延续：你需要能够诚实地、毫不畏惧地评价自己，无论好坏、健康与否。如果你的自我形象很强大，你就不需要被别人的赞扬或批评所影响。你要在内心深处对自己有一个清晰的认识。这与你的行为无关，这些只是表面的东西。因此，这与你的销售说辞是否恰当无关，与你的慈善活动计划是否得当无关，与你是否应该出席妹妹的生日聚会无关，也与你是否让孩子们太晚睡觉无关。

了解自己，那个内心深处真实的自己，那个对自己行为负责的人。你怎么知道真实的自己是什么样的呢？你需要看看驱动你行为的潜在价值观，因为最终定义你的就是这些东西。你信仰什么？其中一些看起来比其他的更重要，这很好。有些信仰是宏大的，比如民主、人权、宽恕，而有些则更为具体，例如，作为一名经理，你可能认为在团队成员中恰当分配任务很重要。偶尔，这可能会导致错误，你会想要分析哪里出了问题，以及如何防止错误再次发生。但你可以看到，此时此地，真正的你做对了，但结果未必是你想要的。

这就是为什么事后看来，这些表面行动和行为是否正确并不重要。我们都可能犯错误，事实上，我们也可能靠运气而非靠判断力把事情做对。重要的是促使这些行为产生的价值观是什么样的。

我并不是在给你一个毫无意义的借口，让你总是做一些无用的决定，因为如果你对自己所做的事情感到自豪，并且总是愿意学习，你就不会允许这种事情发生。你会原谅自己的无心之过，从中吸取教训，下次做得更好。偶尔，你甚至会改变你的价值观，如果你致力于学习和提高，你必须对这种可能性持开放态度。

你也应该看到，当有人批评你的行动或行为时，这不应该挫伤你对自己的信心，因为他们不是在评论真实的你。如果你了解自己，并且坚定地坚持自己的信念，那么，你自己的观点将比任何人的意见都重要。唯一让你停下来思考的应该是有人质疑你的价值观的意见。我们通常会在一生中保留其中的一些意见，但显然，我们需要适应或审视其他的意见。这才是真正的成长，因为只有当你的价值观发生演变时，你才能真正地成长。

你信仰什么？

法则 012

承认并接受自己的弱点

我有时会有点急躁。此外，我可能会过于兴奋，打断别人的话，而不好好听他们说话。这些都是弱点，我也知道。哦，我也会陷入愠怒的情绪，我倾向于沉溺其中……我们都有弱点。这就是人类的特点。

你为这些事情折磨自己，并想象你会因此变成坏人，这于你无益，因为事实并非如此。我知道有些人总是能保持从容、冷静，但我认为我不比他们“差”。我可能比他们更努力地保持冷静，但我并不总是成功。不过，他们也会有我没有的其他弱点。我可能不知道那是什么缺点，但我可以肯定他们也有缺点，因为他们也是人类。

显而易见，我在控制我的暴脾气，不是吗？“别烦我！对不起”……我又来了。听着，承认并接受自己的弱点，并不意味着你就可以随心所欲地继续纵容自己的弱点。这不是一张“保释卡”。[㊀]你不能简单地说“我就是这样的人”，然后继续打别人的脸，

㊀ 这是隐喻还是字面意思，取决于你的弱点是什么。

或者一遇到困难就放弃，或者让别人去工作而你却无所事事。

我们需要努力克服自己的弱点，找到应对自身缺点的策略。如果我们的缺点对他人造成了不利影响，请说声“对不起”。我已经减少了咖啡因的摄入量，虽然我很喜欢喝咖啡，但我知道喝太多会让我易怒。即使在我过于兴奋的时候，我也会有意识地倾听别人的意见，如果我变得盛气凌人，我会积极鼓励某人提醒我。[㊀]

所以，你需要诚实地承认自己的弱点，并致力于改正缺点，但你也需要放松自己。这只是人类处境的一部分，我们都在同一条船上，只是有不同的弱点要对付。事实上，如果你不喜欢这个词，你不必称之为弱点。如果这能让你感觉好一点，那就称之为挑战、个人亮点或角色故障，只是不要让它们听起来微不足道而容易被人忽视。

为什么这条法则会出现在本章呢？因为我们很容易对自己的暴躁脾气、愠怒、懒惰或粗心大意的倾向感到不满。自信并不意味着完美，如果你已经知道这是一个缺点，没有人会发表坏意见来震慑你。你认识到了这个缺点，并且正在努力改善它，它可能不完美，但它比以前好多了。所以，发表意见的人不是在告诉你任何你不知道的事情。如果你对此有信心，你可以这样回答：“我很抱歉，我知道我有时会易怒。我正在努力改善，但正如你所看到的，我还没有真正做到。”

承认并接受自己的弱点，

并不意味着你就可以随心所欲地继续纵容自己的弱点。

㊀ 这里的“某人”特指我的妻子。但她不需要太多的鼓励。

法则 013

喜欢自己，改进自己

如果你的余生都被某个人缠住了——这个人围着你转，跟着你走进每个房间——那么，你必须学会与他相处，这样你才能应对自如。最好还是享受他的陪伴，珍惜他、感激他。惊讶吧，惊喜吧，你被这样的人缠住了，而那个人就是你。

如果你不喜欢自己、不尊重自己，你的自尊心会很弱，你的信心也会随之下降。有些人与自己相处得很好，而另一些人却觉得很难自处。这在很大程度上取决于天生的个性或童年的影响，但不管是什么原因，你都完全有可能喜欢自己。

在这里，你需要规避一个“无法摆脱的困境”，你要确保自己不会落入这样的陷阱：认为自己不配喜欢自己，也不值得被别人喜欢。但事实并非如此，就你而言，你掌握着关键，因为你有能力改变你不喜欢的事情——而不是你可以对任何你不喜欢的人做的事情。所以，努力改善自己，直到你喜欢你所看到的东西。

如果你深陷自我厌恶的泥潭，你需要保持一点距离。问题是，我们看到了别人看不到的自己，所以，我们很容易假设别人没有惭愧的感觉或卑鄙的动机。相信我，他们有！我们都有，这是正常现象。所以，不要给自己设定比别人更高的标准。你只要根据可见的部分来评估自己，因为这就是你评估其他人的方式。

你要试着冷静地审视自己。在学习了前面几条法则之后，你需要对自己做一个诚实的评估。但是，如果你要坦白自己的缺点，那你也应该坦诚自己的优点。你擅长什么？不，不是数学，不是编程，不是烹饪，也不是运动。这些不是我们喜欢别人的原因。你是一个好的倾听者、一个公正的人、一个脾气平和的人、一个体贴的人，还是一个善良的人？好吧，继续，把这些都列在你的优点清单上。

想一想，你喜欢和看重别人身上的什么？你认为一个人值得喜欢的品质是什么？我打赌你有很多朋友。不要在意朋友的动机，这些都是我们提到的你看不到的东西。你的朋友总是慷慨大方，可能只是为了讨你欢心，或者想得到你的慷慨回报，这有什么好介意的呢？这是人类的天性，无论出于何种动机，慷慨仍然是慷慨。所以，不要告诉自己别人是真诚的，而你是别有用心的。先不说哲学的题外话，每个人都可能会萌发某些别有用心的动机。

那么，你不会改变自己的哪些方面呢？至少你会保留你喜欢自己的那些部分。然后，正如我说的那样，努力改进你的其他部分。同时，你要学会对自己的努力给予肯定，不要每次都追求完美。此外，你还要喜欢你一直都在努力提高自己的样子。哦，这并不容易。这可能需要一生的时间。而你确实拥有这一生的时间，所以，你不妨现在就开始。

我们很容易假设别人没有惭愧的感觉或卑鄙的动机。相信我，他们有！

法则 014

用词很重要，请选择积极的词汇

我记得几年前，我和我的一个儿子去学校参加了一次家长会。他的几位老师相当礼貌地告诉我，他在学习上表现得很懒惰。如果他觉得学习很乏味，他就不愿意硬着头皮去学习，也不会认真学习。不过，他们后来缓和了语气。他们指出，作为一个班级成员，我的性子还是有可圈可点之处的，比如，他悠闲、随和、不记仇。

如果我说错了，请纠正我，但在我看来，这些听起来像是完全相同的一组性格特征。当谈到他的学习时，老师们用的是“懒惰”这样的消极词汇，而当谈到他的社交活动时，老师们用的是“悠闲”这样的积极词汇。这完全是一个感知的问题，但是，你的生活可以被贴上懒惰或悠闲的标签，尽管两个词诠释的是相同的特征，或者至少是一个特征的两个方面，但这对你如何看待自己有很大的不同。

词汇的选择是有风险的，这只是其中的一个例子。给你贴上标签的可能是你的父母、老师或朋友，也可能是你自己。看看有多少人给自己贴上“胖”的标签，然后又为自己的胖而感到痛苦，而其实他们并不胖。或者，有些人认为自己很笨，而实际上他们很聪明，只是从来没有学会如何绕过教育系统设置的障碍。所以，他们从中学或大学毕业时成绩很差，他们相信“愚蠢”就是对自己的写实。你一定认识像这样的人，他们非常机智和敏锐，但却不能在考试中获得高分。

所以，如果你需要增强自信，想想你或别人对你说过的消极词汇，然后找到对应的积极词汇。当你对自己说话的时候，把那些消极词替换成你内心的独白。不要再告诉自己你很懒惰，开始使用“悠闲”这个词吧！请用新的词汇给自己贴标签，用积极词来描述自己。

例如，你是不可靠，还是无忧无虑？你是一个孤独的人，还是一个喜欢独处的人？你是鲁莽，还是勇敢？你是胖，还是不太瘦？无论如何，这又不是什么性格污点，你也没有理由不喜欢自己。如果你认为某人肥胖，你就会讨厌他吗？你当然不讨厌胖人，所以也不能讨厌微胖的自己，因为你是生活法则玩家。你可以选择用来描述自己的词汇，然后在你对自己的态度中灌输积极因子。

你要学会喜欢自己，而不是给自己找借口。如果仅用一个貌似不错的词来证明任何行为的合理性，那是行不通的。你不能笼统地说斯克鲁奇“擅长预算”，或者成吉思汗“专注”。我已经说过，你需要对自己诚实。所以，请不要因为你从一个扭曲的角度看待自己的某些品质而找理由不喜欢自己，而这些品质实际上是讨人喜欢的。

想想你或别人对你说过的消极词汇，
然后找到对应的积极词汇。

法则 015

与众不同是件好事

我的妻子讨厌聚会。她对大家都彼此了解的聚会还能接受，但对大型聚会深恶痛绝。你不要指望她能去夜总会和迪斯科舞厅。当她还年轻的时候，她觉得自己必须适应这些事情，因为不这样做可能会显得粗鲁无礼。她甚至想知道明明别人很喜欢，而她为什么如此讨厌，难道她是有什么毛病吗？几十年过去了，现在如果朋友邀请她参加派对，她会自信地说，她不喜欢派对，她想约个时间喝杯咖啡，单独见见。你猜怎么着？每个人都觉得没问题。事实证明，她并不是唯一一个一直有这种感觉的人。

你需要自信才能与众不同，而且你能将其开诚布公。遗憾的是，有些人花了很多年才找到自信，而有些人却永远找不到自信。当然，参加聚会对我的妻子没有任何坏处。你不必隐瞒自己所有与众不同的地方。有些人因为试图隐藏自己与周围人不同的一面而遭受巨大的痛苦。

社交法则是一件有趣的事情。谁来决定你不应该越过的界限在哪里？谁说你的穿着、外表或行为应该有特定的方式？为什么有人担心邻居会怎么想？邻居们为什么这么想？只要你不伤害别人，你就可以随心所欲。而阻止我们大多数人展示自己的与众不同的唯一原因是缺乏自信。

我居住的地方的附近有个家伙，我有时开车从他身边经过，他总是穿着维多利亚时代的礼服去散步。太棒了！为什么我们不能拥有更多这样的东西呢？他会担心路人的指指点点吗？大概不会，而且他没有做错什么呀，我就很喜欢他这样的人。我的一个朋友总是尽可能大声地打喷嚏，最后还会故意找补一些噪声。他不常这样搞怪，但偶尔调皮一下是很有趣的。我的一位老师经常站在教室前面的讲台上朗诵诗歌。老师们通常都很传统，所以，他的壮举让全班同学开心不已。

如果我们没有与众不同的地方，我们都是一样的人，那会有多无聊？有个性很好，所以不用担心如何适应社交法则。从不参加派对到把头发染成粉红色，这些都很好，所以，尽情享受吧！你要自信，这不关邻居的事（谁知道呢，也许他们还喜欢你这样呢）。你的行为很可能会解放别人，让他们也加入进来。回到本条法则，记住你不是“怪异不祥”，而是“古怪迷人”。

当然，关于与众不同的话题，谈起来很容易。但是，如果你是一个不接受同性恋的社区里的同性恋，或者你在一个每个人都告诉你要孩子的家庭里选择不要孩子，或者你是一个正统的宗教团体里的无神论者，那你就很难感到自信了。不管有多难，重要的是，你要认识到你有做自己的权利，别人的不宽容并不是对真实的你的合理评判。作为生活法则玩家，我们至少可以接受他人的与众不同。事实上，我们不仅要接受他人的与众不同，还要拥抱和庆祝他人的与众不同。我们每一个这样做的人都会帮助那些与众不同的人找到生活乐趣。

如果我们没有与众不同的地方，
我们都是一样的人，那会有多无聊？

法则 016

不要做最坏的假设

我们看到的是我们期望看到的，这是人性的一个方面。如果我们认为世界是一个可怕的地方，那么我们就会看到周围可怕的东西。如果我们认为每个人都想伤害我们，那么我们就会有理由怀疑每个人。如果我们认为大家都很善良，那么我们就会注意到他们做的好事。如果他们的动机不明确，那么我们就会认为他们是出于好心。如果我们认为自己不讨人喜欢，那么我们就会把任何事情都解读为别人不喜欢我们的证据。所以，缺乏自信最糟糕的事情就是，你倾向于对别人对你的行为做出最不讨好的解释。

你总是草率地下结论，这就是你的风格。假设你很熟悉的人要结婚了，你却没收到请柬。如果你不自信，那很明显是因为他们不喜欢你。还有其他的解释吗？除非你太无趣，太不起眼，以至于他们都忘了你的存在。

或者……任何一个你忽略的原因。也许婚礼场地真的很有限；

也许他们请不起那么多客人；也许他们确实邀请了你，但邀请函在邮寄途中丢失了；也许你已经忘记了你告诉过他们你讨厌大型聚会，或者你计划整个八月都出国；也许他们的伴侣邀请了你的前任。我可以告诉你，如果你真的很自信，觉得很自在，你甚至不会想到他们不喜欢你。那你为什么会这么想呢？他们可能反应迟钝，也可能已经察觉，但是，问题在于这些都不是你信心缺失的合理借口。

你需要质疑你的假设，并分析你的假设是否真的像你告诉自己的那样有意义。你对这种行为还有什么其他解释吗？假设你有一个朋友没有被邀请，而他是一个可爱的、受欢迎的、自信的、有魅力的人呢？你会认为他没有被列入邀请名单是因为这对幸福的夫妇不喜欢他吗？不，你当然不会这么想。显然还有其他原因。现在你要认识到这些“其他原因”也可能适用于你。

我认识一个年轻人，他的姐姐每年都邀请他去家里过圣诞节。但他总有点被冷落的感觉，因为他以为他的姐姐邀请他只是出于职责。最后，在一位朋友的怂恿下，他问他姐姐为什么每年都邀请他去家里过圣诞节。她回答说：“因为我爱你！”第二年圣诞节，他玩得很开心，他的姐姐说，看到他玩得很开心是件让人很愉快的事，因为她以前一直以为他是出于职责才去她家过节的。

这种情况可能出现在无数种情况下：有人在街上冷落你（可能只是没有看到你），你的老板说了一些可能被你理解为批评的话（可能不是批评的话），你意识到你已经好几个星期没有给你的朋友打电话了（他也没有给你打电话）。在所有这些情况下，你可以假设最糟糕的原因并打败自己，或者你可以采取不同的解释。

所以，帮你自己一个忙，凡事都往好处想。你没有什么可失去的，你的信心会让你收获一切。如果你需要提醒别人对他人行为的所有可能的解释，那就继续想想你那个受欢迎的、有魅力的朋友——他也没有收到邀请，你怎么解释呢？

我们看到的是我们期望看到的。

第三章

韧性

事情不可能总是如你所愿。生活充满了你无法控制的起起落落。锅炉坏了，你的同事给你的数据错了，火车晚点了，商店的牛奶卖完了……这些都是日常小事。还有一些不太常见但更严重的事，比如患病、裁员、遭遇丧亲之痛、资金紧张等。

你无法阻止这些事情的发生，但你要照顾好自己，所以你得研究如何应对困难。这些困难会毁了你的一天、一周、一个月、一年，还是对你没什么影响，你可以泰然处之？面对最糟糕的事情，一些人会彻底崩溃，而另一些人会在哀悼或悲伤一段时间之后将其妥善处理，并重新过上美好的生活。

这一切都取决于你有多坚韧。无论你的内在性格是什么，你总是可以提高你的恢复能力。是的，有些人在起点上比其他人幸运，但本章的法则告诉你，我们所有人都可以变得更有韧性，更有能力应对命运的枪林弹雨，并能比以前更好、更快地回归生活之巅。

法则 017

你的命运你说了算

有时候，命运会给你一个可怕的打击。这就是你的命运，你无能为力。命运是反复无常的，如果它想找你麻烦，你就得忍着。有许多信仰体系告诉你，你无法拥有自由意志，你确实是命运的受害者。那些人生观可能是对的，也可能是错的，问题在于，感觉自己像受害者并不是什么有趣的事儿。这会让你很脆弱，你不知道下一次打击会在何时何地袭来，而且你对此无能为力。

我们是否拥有自由意志，我们的生命是否完全取决于命运，这不仅是哲学家们无法达成一致的问题，也是科学家们无法达成共识的问题。然而，科学家们很清楚，那些相信自己拥有控制权的人往往比那些不相信自己拥有控制权的人更快乐。如果你采取实际行动来补救一个糟糕的情况，无论是否有效，你都会感觉更好。患有绝症的人用极端的饮食或半信半疑的疗法来“对抗”病魔，可能不会改变结果，但他们会因为尝试而感到更强大、更有力量，拥有这种感觉只会是一件好事。

如果你认为自己是一个不幸的受害者，那么，相信自己有控制力和能动性会给你一种力量感。这种力量感会让你感到更快乐，更有能力应对困难。也许当你控制了局面，你就能改变局面。这很好，但不管你的行为是否改变了结果，这种控制感会让你感觉更好。

在 20 世纪六七十年代，我们几乎从不使用“受害者”这个词。我们不喜欢的事情发生了，有时候其他人做了他们不应该做的事情，比如入室盗窃或辱骂我们，但最重要的态度是你处理了麻烦并继续前进，你不认为自己是“受害者”，除非你是某个严重犯罪行为的承受者。

我父母那一代人从不认为自己是“战争的受害者”。他们经历了一场战争，经历了所有的恐惧、破坏和失去，但他们战胜了这一切遭遇。当然，在某种意义上，他们是受害者，但他们不会这么想。

现在的人们经常把自己看作是灾难或犯罪的受害者，相比之下，50 年前的人是不会把自己看作“受害者”的。用词很重要（正如我们在法则 014 中看到的那样），使用“受害者”这个词的意义在于它消除了任何有罪或共谋的暗示。当然，这是一件好事，但值得注意的是，它也会剥夺你在事后处理事件时该有的力量感或控制感。这就是为什么人们会经常用“幸存者”这个词，因为它意味着你对自己的处境有更多的能动性。当然，重要的是你的感受，而不是你使用的词语，但这些词语是决定你的态度的有效工具。

所以，当命运或别人对你不好的时候，你要意识到，你越相信自己能从这件事中恢复过来，你就越有韧性，你就能越快地从最糟糕的情况中满血复活，继续自己的生活，重获幸福的感觉。你当时可能是一个受害者，但这并不意味着你在事后无能为力。

相信自己有控制力和能动性会给你一种力量感。

法则 018

关注人际网，你并不孤单

韧性似乎是发生在内心深处的东西，那是一种安静的、钢铁般的内在力量，它能让你更快地从麻烦和创伤中恢复过来。从某种意义上讲，这是正确的，但这种力量并不完全来自你的内心。你不必成为什么超级英雄，一个人搞定所有的事情。你的力量很大一部分来自外界。关键是你要知道如何以及何时调用这股力量。

即使是最独立的、自己有一套信仰体系的人，也偶尔需要支持，而有些人则需要更频繁的支持。只要这种支持在可行的范围之内就可以，只要你能适时得到你需要的支持就可以。注意，我说的是“你需要的支持”。如果你不需要支持，那就没有帮助，那也不算是支持。不管是你不想要的建议，还是你不需要的帮助，那都只是一种额外的刺激。

上一条法则提到你需要保持控制力，这包括积极主动地寻求谁的帮助，以及你需要什么样的帮助。我们都需要一个可以求助的人际网络，即使是你认识的最坚强、最自信的人也有自己的人际网络，只是你不一定能看出来。这是一个你需要有意识地为自己构建的网络。所以，举例来说，那些总是把话题转到自己身上的絮叨朋友，或者总是八卦你对别人说的每件事的黏人朋友，都不是你人际网络的组成部分。除非你让他们帮你照看孩子或帮你买东西，这时他们真的很有帮助。但是，当你需要一个好的倾听者时，他们不是最佳人选。

我们中的一些人只依赖几个亲密的人，而其他人则有一个广泛的人际圈子。你要认识到谁能真正帮助你感觉更好或更有效地应对困难，这样，你就能在需要时得到最好的帮助。不同的人擅长不同的事情，这就是为什么你需要拥有各种各样的朋友。有些人可能是很好的倾听者，有些人则更实事求是。当你需要谈论家庭烦恼时，了解你家庭的朋友会特别有帮助。当你不得不工作到很晚，或者当你想就孩子的学业问题征求意见时，一个擅长和孩子相处的人正是你所需要的人。

我并不是建议你把自己陷入急需帮助的困境，我们都见过那样的人。有时候和别人闲聊会让你感觉更好，而且对他们来说也很有趣，所以，你不必总是要求别人在他们不方便的时候帮助你。人们喜欢帮助别人的感觉，这对强化他们的自尊有好处（参见法则 003），所以，你偶尔可以提出要求。确实，你可以在偶然的灾难中向好朋友请求帮助，但不是所有的时候都可以。如果你担心自己太需要别人，那么你可以尽量做到不黏人。根据我的经验，急需帮助的人似乎总是对自己的烦人事儿全不知情，还在优哉游哉。如果有疑问，你可以做两个快速的测试：问问自己是否优雅地接受了别人的拒绝。如果是这样，你做得很好。然后问问自己，你是否希望别人帮助你，但你不想回报别人。如果你能自信地说，随着时间的推移，你付出的和得到的一样多，那么，你干得不错。

不要忘记你不是唯一一个拥有强大支持团队的人。你也是别人的支持网络的一部分，这就是为什么人际网是公平且有益的，并且让每个人都感觉更好。无论你开启的是提问模式还是回答模式，人际互动都会让你不再孤单。

你不必成为什么超级英雄，
一个人搞定所有的事情。

法则 019

炼铁成钢，见证弹性的力量

在工程术语中，弹性材料是一种在受到压力后能够恢复其原始形状的材料。这就是钢在建筑施工中比铁更受欢迎的原因，因为钢更有弹性，也就是说，在强风面前，钢不容易断裂。

人类也需要同样的弹性，以便在受到压力后恢复到原来的姿态。换句话说，我们需要准备好做出一点让步、妥协，并灵活地改变规则，克服困难，走出困境。我们中的大多数人在某些领域会比在其他领域更容易做到这一点，关键是要尽可能广泛地应用你的变通能力。比如，我原本只是有个写书的念头，结果我真的做到了，还出版著作了。又如，你想去划船，你也做了计划，但你在最后一刻变卦了，这也没关系，你可以给自己培养一点变通意识。

假设你决心成为一名职业音乐家，但你找不到可以维持生计的工作。如果你固执地坚持，生活在贫困线上，除非你非常幸运，否则你将在很长一段时间内痛苦不堪。听着，这并不意味着屈服或放弃。这意味着，当所有的感觉都告诉你行不通时，不要盲目地努力；当事情的结果与你想象的不完全一样时，不要心烦意乱。你需要以稍微不同的方式重新设想一下，然后你就可以拥有希望。所以，也许你可以通过教音乐而不是演奏来谋生；或者找一份有薪水的工作，业余时间继续演奏音乐，但不是为了钱。你会得到你一直想要的结果，但你会更快乐，因为你现在成功了，而不是失败了。而且，如果你幸运的话，理想的音乐工作仍然会出现。

因此，你要认识到自己的刻板，并在自己的做法中注入更多的适应能力。你可能已经知道自己的一些僵化点在哪里，所以，你要注意并识别所有的僵化点。无论是在老板移动你的桌子这样的小事上，还是在你买房子这样的大事上，你都要洞察自己的刻板并努力克服。有时候，坚持自己的立场是有充分理由的，我并不是说灵活性总是正确的，但我们正试图找到让你保持快乐和健康的方法，了解你何时需要适应环境是其中很重要的一部分。

你可能会意识到，这对保持人际关系的弹性至关重要。不愿意相互适应的伴侣是不会在一起的。对孩子不灵活的父母会发现他们与孩子的关系受到了影响。无论是家人还是朋友，从长远来看，承认有必要做出一点让步会让每个人都更快乐。说实话，我发现，在我工作的时候，如果我格外通融，让猫咪坐在我的桌子上，那么，最终我俩（我和猫咪）的生活就没那么紧张了。

我们需要准备好做出一点让步、妥协，
并灵活地改变规则。

法则 020

不要沉溺于过去

木已成舟，过去的已经过去。有时候，已经发生的事情是可怕的、尴尬的、伤人的、令人沮丧的，甚至是可以改变生活的。尽管如此，它还是发生了，你无法改变它。你可以在脑海中一遍又一遍地回想它，你可以想象你希望事情可能是什么样子，你可以确定一切是从哪里开始出错的……但你还是改变不了它。

你是在让自己开心吗？当然不是。我很感激这里有一条微妙的界线——如果你能从中吸取教训，那么，回顾过去发生的事情是值得的。但这是一种理性的做法，而不是情绪化的做法。一旦你不再从中获取任何价值，那就是时候停止纠结于过去，回到现在和未来。

有些人感冒时，喜欢让所有人都知道他们的感觉有多难受，也许他们想要的是同情或关注，这可能是有道理的。但事实是，每次你向别人抱怨时，你也在提醒自己你感觉有多糟糕。而那些你暗示对方看起来不舒服，而他们却坚持说自己没事的人，似乎真的能更好地应对困难。他们接受自己无法改变的事情，并专注于他们生活的其余部分。

当你感冒时，这很容易应对，而当你的生意刚刚倒闭，或者你发生了严重的事故时，这就难对付了。尽管如此，原理是完全相同的。过度思考你无法改变的过去，会让你感觉更糟。了解过去对你的影响，接受现实，展望未来，你就不会那么难过了。

不断回顾过去的诱人方式之一就是思考“如果……会怎样”。如果我当时没有过马路，如果我坚持要为那笔巨额订单支付更大的预付款，如果他倒下时我在场……这是在灾难、事故、灾害、死亡之后出现的非常典型的思路。我们都知道这不会改变什么，那我们为什么要做这样的假设呢？

我告诉你，这是你的大脑试图构建另一个不曾发生创伤事件的宇宙的方式。创伤太大了，你无法应付，所以你的大脑试图找到一个撇清关系的退路。你要认识到这一点，这可以帮助你减少这样的思路。这种思路最终不会有帮助，因为你仍然无法改变任何事情，只会导致各种后悔、内疚或自我指责，这是不公平的，当然也是没有帮助的。

所以，学会阻止你的大脑沉溺于过去的倾向，承认已经发生的事情，并利用你已经得到的东西。无论你多么不想待在这里，你最好找到一条出路，而不是待在原地想着自己有多不开心。你不必否认你的悲伤、愤怒或担忧，但要向前看，看看你能如何充分利用你仍然拥有的东西。

接受现实，展望未来，你就不会那么难过了。

法则 021

时刻准备着自我帮助

当我们遇到困难时，我们都需要帮助。最坚韧的人是那些有最好的方法时刻准备着自我帮助的人。当我们被荨麻刺痛时，我们都可以从一数到十，所以，你需要一个更有效的方法来应对那些小声数数不能分散疼痛感的情况。

你要了解自己，知道自己在困难时期需要什么。比如，紧张地工作一天之后，你需要什么？再如，你刚刚发现你的孩子需要做一个大手术，你需要什么？什么对你有帮助？是有一群朋友在身边时，还是只有一个关键人物在身边时，你恢复得更快？有些人会切断自己一天甚至一周的联系，以获得一些平静和思考的时间。如果工作要求过高，一个安静的周末可能是有帮助的。如果情况比这更糟，几天的假期或静修可能真的有帮助。

你需要了解你自己，知道什么适合你。你可以练习处理日常生活压力，这不仅对你有帮助，还能让你为迟早会发生在我们所有人身上的大危机做好准备。做点瑜伽，泡个热水澡，和朋友闲聊，跑步，或者沉浸在自己喜欢的电影里，你会感觉好一些吗？

这里有两个阶段。第一，你需要了解什么策略能帮助你应对事情。第二，你需要认识到什么时候该部署你的策略，否则，这些策略就没用了。你的大脑能学会将这些策略与放松或平静联系起来，所以你使用得越多，这些策略就会对你越有帮助。

当重大灾难来临时，你可以把所有的日常策略都扔出去，它们当然会有所帮助，但是，当你刚刚发现你的伴侣赌光了你所有的积蓄时，洗个热水澡可能解决不了问题。这时你需要了解自己的需求，并准备好以任何可能的方式帮助自己。你的任何策略都解决不了问题，只能帮你更好地处理问题。

对！你需要什么：属于自己的时间？你身边的人？要么，只要你的妈妈离你远点？体育锻炼或冥想能帮助你处理事情、逃避现实吗？和咨询师或治疗师谈谈会有帮助吗？你是否需要一天的时间用来痛苦和沉沦，以便第二天早上醒来重新开始生活？有没有什么地方能帮到你？在山上，在海边，或者躲藏在芸芸众生之中？

你也要警惕那些看起来有帮助，但实际上从长远来看会让事情变得更糟的策略，比如酗酒、购买你负担不起的东西、沉迷于过度饮食。你要了解你的应对策略弱在哪里，并准备好积极的策略。没有人想经历情感危机，但如果你没有准备好这些策略，情况会更糟，你绝对不想这样。

你需要认识到什么时候该部署你的策略，
否则，这些策略就没用了。

法则 022

把事情或想法写下来

根据我多年的经验，把东西写下来会很有帮助。从我记事起，我就这么做了。但不仅仅是我。研究表明，把自己的感受写下来的人，事后压力会小一些。我把事情写下来的习惯是有效的，因为当事情引起情感波动时，我的脑子里充满了我无法正确掌握的想法和感受。当我不能把想法表达出来时，我很难理解自己的感受。把事情写下来，让它停留在纸上，待在一个我能看到它的地方。

这是我在上一条法则中提到的许多应对策略之一，它可以帮助你更好地应对悲伤、压力、创伤和灾难，以及那些可能突然出现并“咬伤”你的短期危机。从十几岁起，我就断断续续地写日记，当我回过头来看时，我可以清楚地看到，日记之所以断断续续，是因为当我的生活很顺利的时候，我从来没有想过要写日记。我花了一段时间才发现，我只在情绪激动的时候写日记。

如果你没兴趣写日记，那就不必写日记。你可以写下你的感受，然后扔掉写有文字的纸，或者删除文档。你甚至可以录制一份语音备忘录，并根据自己的喜好保留或删除。我的一个朋友总是写诗，但有趣的是，缪斯只在她经历情感剧变时才会光临。我也有一些朋友为了解决金钱问题，把他们所有的收入和支出都写进了电子表格，这听起来好像是另一回事，但其实就是一回事。他们把收支情况记录下来，以便理解他们的担忧和感受，以及跟踪财务状况。

写些东西给别人看是有帮助的，因为你必须向别人很好地解释你的感受。如果你有一个朋友，他不拒绝你的信件，无论是电子邮件还是传统的信件，这对于你打着向他倾诉的幌子去表达你对自己的感受真的很有用。

如果你对某个人很生气或心烦意乱，写信给他会让事情变得更糟。如果你不把信发出去，就不会将事情搞砸。写信给那个你觉得应该为你的压力负责的人，可以真正起到宣泄作用。我个人的原则是把它写在纸上，而不是写到电子邮件里，因为我不能总是相信自己不会在最激动的时刻点击“发送”。一旦我写好了信，在我考虑寄出之前，我总是要等上 24 小时。然后，我重读一遍，再选择是邮寄、编辑还是删除，或者给朋友们看以征求他们的意见。我几乎总是把信扔进垃圾桶，因为我的宣泄目的已经达成，我可能感觉好多了。然后，我可能会直接和那个人对话，既澄清了我的想法，又冷静了下来。

你也可以考虑列一个项目清单。各种各样的待办事项清单不仅有实际用途，还会在你感到不知所措或焦虑不安时帮你厘清思路，并应对负面情绪。有时，列清单的唯一作用是治愈情感，比如，列出你想记住的关于逝者的事情，你爱某人或离开他的原因，情感驱使下做出的决定的利弊。

把自己的感受写下来的人，

事后压力会小一些。

法则 023

掂量掂量自己的分量

如果你想要有韧性，你就必须明白什么对你有用，什么对你没用。就你所处的环境而言，你要知道：什么对你有用，你如何处理相关事宜，以及你应对情绪崩溃的方式如何。你越了解自己，就越能照顾好自己。关键是你要有自知之明。

如果你是一个正在戒酒的酒鬼，你就会知道远离酒吧是一个明智的选择。为什么要让自己活得如此艰难呢？同样，你需要尽可能多地识别出你不喜欢的情绪的触发因素，比如担心、悲伤、愤怒、沮丧，然后要么远离它们，要么改善它们。例如，在日常生活中，如果无论如何都要给电话公司打电话——这往往给我带来很大的压力，因为我讨厌在谈话开始之前等上 20 分钟——除非是紧急情况，我总是把这种占线很久的电话留到我有时间和耐心的时候。

我有一个朋友，她的前任在和她交流的时候总会引起她的愤怒，尤其是发短信的时候。因为他们有一个孩子，所以她不能回避他，她需要同时管理他们谈话的媒介和时间，尽量减少对她情绪的影响。如果她在已经疲惫或焦虑的时候给他发短信，她肯定会感觉糟透了。我的另一个朋友在经过一个特别的地标时感到心烦意乱，因为这个地标让他想起了最近去世的哥哥。当然，这可能是一件好事，释放悲伤是一种很好的宣泄，但这是你想在合适的时间且有合适的人在你身边时做的事情。这些策略只有在你想清楚你的行为如何影响你的感觉时才能使用。

当你感觉不好时，问问自己“为什么”，这是最简单的方法。为什么这让我这么生气？是什么让我突然哽咽？我为什么要“扼杀”[㊀] 这个人？为什么我感觉我的压力增大？哦，我似乎感到很焦虑，是什么让我如此焦虑？有时答案是显而易见的，只要你记得问这个问题就好；有时某个问题可能会让你困惑几个小时甚至几年。例如，对家人的反应可能需要你花几年的时间才能弄清楚：为什么我在姐姐身边总是感到不自在？

如果你真的不明白，向朋友或心理医生寻求帮助，即使你还不明白原因，这也会帮助你认识到自己在什么时候有什么样的感受。

这里只需要补充一点：我建议你不必为自己的感受辩护，或加以评判，或找借口合理化。理解自己的感受真的很有帮助，而将自己的感受置于逻辑审查之下则完全没有必要和意义。它们只是感觉，就是这样。

当你感觉不好时，问问自己“为什么”。

㊀ 为免存疑，我们只是打个比方。

法则 024

小心谨慎，温柔对待

我们都会犯错。有时候，我们会犯可怕的、让人难堪的错误。我们会对别人大喊大叫，或者说一些不该说的话，或者因为粗心大意和自我关注而让别人失望。我做过，你做过，我们都做过。之后我们会觉得很糟糕，我们当然会感觉糟糕。

坦率地说，有时我们会因为一些非常小的错误而责备自己。孩子们不得不放弃睡前喝牛奶，因为你今天忘记买牛奶了（真不知道你在想什么）；或者，你的同事不得不在最后一分钟复印你的文件，因为你忘记了自己答应过会帮他复印；或者，你要迟到了，但现在汽车没有足够的燃油，因为你昨天没有给车加油。

无论这些错误是大是小，它们都是真正的事故。如果你是故意这样做的，那么你现在就不会感到难过了，对吧？也许在某种程度上，你无意识地预感到你做了一个糟糕的决定，或者你以后会后悔，但你从未有意识地想过事情会变成这样。

你当然会纠正错误，真诚地道歉，弥补过错。我希望你能为下一次做一个心理笔记以确保今后不再犯同样的错误。比如，总是在购物清单上写下牛奶，不要以为你会记得；当你答应做某事时，设置一些提醒；永远不要推迟给汽车加油。

现在，你已经做了你所能做的来弥补过错。无论是在实际方面还是在安抚人们的感情方面，你都已经尽了最大的努力来确保这种错误不会再发生。你还能做什么？我知道！你可能会不停地自责，不停地告诉自己你是个可怕的人，以及你做的事情是多么愚蠢。

你为什么要这么做？你已经做了所有能帮上忙的事，这又有什么用呢？你把事情搞得更糟了，而从大局上看，事情可能根本没有那么糟。如果你让事情变得更糟，那你肯定会更难从这段经历中恢复过来，所以，就让一切随缘吧！放自己一马，把握好分寸，放轻松。你已经尽力了，一切都结束了、过去了、完成了。继续前进吧！

我知道这对有些人来说很难，所以你要明白，在所有这些得到修复之后，你仍然在自责的原因不是因为你做了（或没有做）的事情。这是因为你有一种自我打击的内在需求，而这个错误给了你的大脑一个很好的借口。我对此表示同情。如果你明白你的自我鞭笞从何而来，[1] 那么这应该会有所帮助。我们又重新了解了自己，这可能会打开一个全新的“兔子洞”，开启又一轮艰难的追梦之旅，但至少你能分得清具体的目标。

如果你是故意这样做的，

那么你现在就不会感到难过了，对吧？

---

[1] 为免存疑，我们只是打个比方。

法则 025

感觉≠想法，我思故我在

很明显，感觉和想法是不一样的。想法是有意识的东西，你可以理性地理解，而感觉是模糊的、反复无常的、超出你的控制的。你可以选择思考什么，但你不能选择感受什么，是吧？

事实上，我们的想法和感觉可能是不同的，但它们并不是完全分开的。它们相互影响，相互联系，相互参照。你在感到愤怒的时候可能会想到激怒你的人或情况，也许还会在脑海中想象出愤怒的对话。当你感到沮丧时，你开始思考这样做是否有意义，或者这样做可能只会让情况变得更糟。如果你感到担心，你会想到所有可能出错的事情，那些会证明焦虑情绪是合理的糟糕结果。

所以，你也可以在另一个方向上做同样的事情，这并不奇怪。你可以用你的想法来影响你的感觉，让感觉变得更好。想象一下，在去游乐场兜风、做演讲、爬高高的梯子或任何让你感到焦虑的事情之前，你会感到紧张。你告诉自己："没关系，这很安全。很多人都做得很好。一旦你到了那里，你就会喜欢的……”除非你知道，在某种程度上，这些有意识的想法会真正地缓解你的紧张，否则，你为什么要说服自己去克服紧张情绪呢？它们可能不会完全消除压力，但肯定会有所帮助。

当我们面对自己不喜欢的特定情况时，我们往往会有意识地这样做。有些人总是能做到这一点，他们是乐观主义者、积极的思考者、拥有“半杯满”心态的乐观者。他们的默认设置是凡事往好处想，有意识地关注积极的一面，努力看到光明的一面。当你问他们过得怎么样时，他们总是说他们感觉很好，因为他们的感觉在倾听他们的回答，他们本能地给自己的感觉注入鼓励的话语。

你不需要生来就这样。当然，一些幸运的人在遇到事情时似乎本能地往好处想，但其他人可以训练自己这样做，这对我们处理各种事情（从糟糕的发型到重大的创伤）的能力有很大的影响。它并不能让所有的疼痛消失，但它会让你从容应对各种事情。

你最大的敌人就是自怜。这与你是否值得同情无关（无论是自我同情还是祈求他人怜悯）。如果怜悯是合理的，那么，你当然应该感到不那么痛苦，你也不必设法装可怜。所以，你要无情地阻止自己去想“我真可怜”，用其他的想法来代替这种想法，多想好的事情或庆幸自己没有遇到更糟糕的事情。永远不要让自怜的心魔站稳脚跟。

你要努力地去改善自己的想法，让自己成为一个比现在更积极的人。当生活变得艰难时，你会处理得更好。我见过一些人失去了陪伴他们 60 年的伴侣，但他们还是通过专注于自己有多幸运和仍然拥有的东西来渡过难关。当然，他们很痛苦，但如果他们任由自怜占据上风，无论多么合情合理，他们都会以一种永远无法忍受的方式艰难度日。

我们的想法和感觉可能是不同的，
但它们并不是完全分开的。

法则026

寻找幽默感

你听说过这样的情况吗？当你打电话给那些按部就班的小官僚时，他们可能会把你气炸，你想尖叫？或者，你试图在交通和天气非常糟糕的情况下从 A 地赶到 B 地，但你还是迟到了，此时你汗流浃背，只想大哭？或者，你正在给孩子们做晚饭，两个孩子同时发脾气，食物又都烧焦了，并且你发现家里的意大利面没有了？

你如何在不尖叫或大哭的情况下应对上述事情？或者，你会屈服于可以理解的情绪爆发吗？我所发现的最佳处理方法就是笑对坎坷。当然，这在当时并不容易，所以我想象自己稍后会把这段经历告诉别人，并且尽可能地让它变得有趣："你不会相信接下来发生了什么，更有甚者……"如果你仔细想想，就会发现糟糕透顶的轶事是事后幽默的绝佳来源。这里的诀窍是不要等到事后再行动，而是利用外出就餐的机会来帮你缓解情绪。

多年前，我曾在一个组织做志愿者，接听遇险人士的电话，倾听他们的倾诉[1]。我注意到的一件事是，即使是经历了最可怕遭

[1] 是的，就是那个组织。

遇的人，自嘲似乎也能帮助他们更好地应对创伤。据我所知，其中的原因是：为了做到这一点，他们必须在心理上后退一步，从别人的角度来看待自己。正是这种距离，这种几乎是客观的自我观察，似乎给了他们面对当前处境的超然态度。后来我发现，这被心理学家称之为“重构”，意思是用不同的方式看待事物。科学确实支持这样的观点：自嘲有助于人们面对当前的困境。

我们都知道，笑是一剂良药，发自内心的笑会让我们感觉更好。一般来说，自嘲是幽默的一个更具体的分支，而它的重构元素是如此有价值。自嘲可以帮助你与难相处的人打交道。例如，如果你的老板喜欢发表傲慢的评论来激怒你，你可以试着把它变成一种游戏。看看你一天能收到多少这样的评论，或者在心里颁一个“一周最傲慢言论”奖。这样，幽默和重构就产生了，因此，尽管你讨厌这些评论，但你的内心还是有点希望你的老板能打破之前的纪录，或者说一些傲慢无礼的话。如果你能和同样职位的（谨慎的）同事交换意见，那就更有趣了。

这也适用于伴侣、朋友或兄弟姐妹，他们不得不花时间与挑剔的亲戚或自恋的朋友在一起。你知道你可以稍后回家与他们交换意见——“你绝对猜不到我们在厨房时他说了什么”。这给你一种超然的感觉，让你更容易应对糟糕的事情，也为以后分享故事积累了乐趣。

利用外出就餐的机会来帮你缓解情绪。

第四章

运动

无论你的生活多么忙碌，找时间运动有助于你应对挑战，并让你感觉更好。这并不意味着你必须花钱去健身房，每天都在那里做仰卧起坐、推举、跑步和深蹲。如果运动对你有用，那没有问题；如果运动对你不起作用，或者你根本就没运动，那也没问题。

你很容易陷入这样一种感觉：你必须将生活中的大部分时间都投入到某种正式的运动中去。这当然是一种选择，但还有很多其他方法可以让运动对你起作用。即使你每天早上在早餐前跑步，下班后去健身房锻炼一个小时，也有一些法则值得你记住。

我们中的一些人就是不喜欢跑步、有氧运动或举重，而有些人会喜欢，但是，他们要伺候孩子、努力工作、操持家务、照顾年迈的父母等，根本挤不出时间去锻炼。这些也都没问题。无论你的生活和你的乐趣如何，你都完全有可能得到你需要的锻炼。你只需要以适合你的方式来处理体育锻炼问题，这就是本章法则的意义所在。

法则 027

常常想着做运动

假设你的朋友和家人是一群讨厌运动的人。他们中的很多人体重正常、精力充沛，但从不穿运动服，也不去健身房或上健身课。但你会有不同的感觉，因为你喜欢跑步，所以你每天跑步大约一个小时。因此，你觉得你的运动水平真的很好，你对自己的健康很乐观。

现在假设你在别处找了一份工作，结交了新朋友，与新同事共度时光。你继续每天花一个小时跑步，因为你喜欢跑步。然而，事实证明，你的新朋友和同事也都跑步，并且他们中的大多数人也去上健身课、动感单车课或在健身房消磨时间。而这些，你一样都不做。你唯一做的就是跑步。现在你觉得自己的健康水平如何？跟你以前觉得很不错的时候相比一点都没变吗？

大多数人会根据周围的人来衡量自己的健康水平，这是可以理解的，但正如你所看到的，这实际上不是一个非常准确的衡量标准。你可以认为你做了大量运动，也可以认为你做得不够，而你怎么想都改变不了你的运动水平。更重要的是，研究表明，无论你的实际运动水平如何，你认为自己越不活跃，你的健康状况就越差。

你对运动的态度和运动本身一样重要。这并不意味着你可以整天懒洋洋地躺在沙发上告诉自己你真的很健康——我们大多数人都很难说服自己——但这确实意味着对你的运动方式持积极态度很重要。你要关注你已经取得的成就，而不是那些你给自己设定的却没有实现的目标。你要忽略你周围的人在做什么。你要承认你在日常生活中进行的锻炼，包括去健身房、去上健身课和游泳。你要认识到，你身体健康、身体灵活且精力充沛，你做得很好。

运动的第一原则就是不要汗流浃背。不要担心你是否做得足够，或者你选择的是否是正确的运动方式。担心是没有必要的，而且会适得其反，因为衡量运动的方法太多了，几乎不可能说出什么算“足够”。很多人的运动量都远远超过了保持健康所需的标准，如果他们喜欢这样，那也很好，但你不必跟上他们的脚步。这不是比赛。他们中的一些人有很好的有氧健身能力，但不是很灵活，或者一些人有很好的肌肉张力，但耐力并不强大，或者一些人只是因为吃了太多的馅饼而需要每天跑 10 英里（1 英里≈1.609 千米）。

请忽略别人的做法，做自己觉得正确和愉快的事情，并关注积极的一面。这种态度本身就会比多做几个俯卧撑产生的影响更大。

你对运动的态度和运动本身一样重要。

法则 028

你不能逃避运动

我母亲那一代的很多人都健康地活到了 80 多岁甚至更老，他们不会把运动本身当成一种目标，而是将保持健康作为日常生活的一部分。他们会去散步是因为他们喜欢散步，而不是作为健身计划的一部分。他们并不傻，知道运动有益于健康，但他们从未听说过卧推机、动感单车或有氧运动。不需要！这是一个有用的提醒，我们也不需要这些东西。对于那些喜欢这些运动方式的悠闲富人来说，它们只是一个方便的选择。

当然，在我母亲的成长过程中，步行或骑自行车上班更常见，因为拥有汽车的人更少。因为没有洗衣机、吸尘器、洗碗机或晾衣机，所以他们做家务的时间更长。这些事情加上散步、园艺、和朋友一起踢足球，足以让每个人保持健康（只要他们没有其他不健康的习惯）。如果你在军队或学校里，你可能会参加星形跳跃和箭步蹲的“健身”课程，但大多数人只是过着普通人的平凡生活。

现在也是如此，而且我们大多数人都在减少自己的运动量。越来越多的人选择开车上班；许多人也都有家用电器，这使生活更方便。我们很少去邮局、银行甚至是商店，因为我们可以在网上做很多事情。

我们比前几代人有更多的闲暇时间。这就是为什么我们有时间去健身房或出去跑步。是的，如果我们把时间花在坐在电脑前，那么我们的运动水平会下降。但要完全避免运动是不可能的，除非我们卧床不起。把洗碗机里的东西拿出来、把孩子绑在汽车座椅上或上下楼梯都是运动。这就是我们保持健康所需要的，只是数量上有差别。

如果你实际上不需要做足够的这些运动来保持你的健康，而且我们很多人都不需要，你还有其他选择。其中之一就是游手好闲，这样你就不能保持身材苗条。嗯，这不是推荐的选项，但它仍然是一个选项。如果你不想闲着（动起来对你有好处），那么你可以参加一些集体健身活动，比如去健身房、跑步、骑自行车、上健身课之类的。建议你腾出大把时间去健身。

还有第三种选择，那就是像我母亲那一代人一样生活。保持忙碌，即使你有汽车，也要尽量步行或骑车，而且晚饭前别指望能多坐一会儿。不，你不必卖掉你的洗碗机，也不必停止使用你的真空吸尘器，但你要找一些有用的活动（重点是“积极”的活动）来充实你的闲暇时间。你要带孩子去公园，并和他们一起玩接球游戏，而不是他们玩的时候你坐在长椅上看手机。你可以从事园艺或板球运动，甚至是裁缝或烹饪。你可以出去散步——如果你想有趣地散步，可以养条狗。这并不是说，这些东西燃烧的热量和在跑步机上跑一个小时一样多，但它们能让你保持运动，阻止你吃零食，更重要的是，它们富有成效，能让你进入积极的情绪状态。

晚饭前别指望能多坐一会儿。

法则 029

运动不是贬义词

我不想在没有意识到有些人讨厌运动的情况下就制定出一组关于运动的法则。他们不喜欢运动，运动也不会让他们感觉良好，而且每次他们尝试一个新习惯都会失败，因为他们没有动力。这些法则是为你准备的，如果你是这些人中的一员，你仍然需要保持健康，并有一个适合你的法则。告诉你应该遵循某条养生法则是不现实的，因为这是不可能实现的。你可能想运动，但你不知道怎么做。没关系，我明白你的处境。

有些人对运动的态度比其他人更积极或更消极。在态度方面，除了环境因素，还可能有遗传因素。超重的人更有可能对运动持消极看法，而相信你可以掌控自己的生活（而不是一切都取决于命运）会增加你对运动持积极态度的机会。

如果你对运动的看法总体上是消极的，你认为运动很难、费力太多、耗时太长、不舒服或尴尬，那么，你可能会以嫉妒的眼光看待那些觉得运动有趣、可助力社交、能缓解压力的人。所以，试着做一些你认为有趣、放松或可助力社交的事情，而不仅仅是锻炼身体，只要是符合要求的活动就可以。如果把它们定义为锻炼会让你却步的话，那就不要那么定义。

例如，你可以跳舞。你可以参加一个学习班，或者去俱乐部和迪斯科舞厅。记住，这不是锻炼（呃，好像是这样），这很有趣。或者，你可以养一只需要运动的狗，当然，这里的主角是狗，而不是你。你散步只是因为和狗在一起很有趣，而狗需要散步。

我每写完一条法则都会来个小仪式。比如，我会播放一首最喜欢的歌曲，然后跳舞三分钟；或者，我选择的歌曲持续多久，我就跳多久。这很有趣，这是在庆贺我的工作日中的阶段性胜利（这是我坐在办公桌前劳累了一天，起身后的一点积极的活动）。

如果你的问题是你觉得传统的“运动”很无聊，那就找一些不超过三分钟的活动。有很多好的时间段可以利用，比如电视广告间歇、等水烧开的时间、清洁牙齿的时间。运动很无聊，所以，在其中加入一点活动并不会让事情变得更糟，实际上还可以帮助你打发时间。如果你喜欢和自己做游戏，那就看看在水烧开之前你能在楼梯上跑上跑下多少次，或者你能跳多少次碰到天花板。如果你开始感到无聊，就改变游戏法则。我的目标是每到广告时间就起身走动一下，我可能会把要洗的餐具放进洗碗机，或者把要洗的衣服放进洗衣机，或者整理一些东西。如果我看了太多的电视，做完了所有的家务，我可能会玩会儿颠球，看看在广告结束前，我能不能不让球掉到地上。所以，寻找那些两三分钟的无聊时刻，找一些不需要坐下来的趣事儿来填补空白吧！

如果你还是想在不认为自己在“运动”的情况下更努力地运动，那就选择快走。

这不是锻炼（呃，好像是这样），这很有趣。

法则 030

运动与你的外表无关

这是我一次又一次注意到的事情。我认识无数这样的人：他们进行某种形式的体育锻炼，因为他们想减肥，或者健美大腿，或者练出六块腹肌。他们中的一些人已经成功地实现了这些目标。但问题是：他们似乎永远不会满足。一旦他们减掉了预期的体重，他们就想减掉更多，或者他们想在不同的地方减肉，或者改善肌肉张力，或者摆脱赘肉。

对自己的外表有信心，并不在于你的外表如何，而在于你有多自信。如果你现在对自己的身材不满意，那么，一旦你达到了目标，你也不会满意。当然，你为之努力的体育锻炼可能对你很有好处，所以我不会抨击这项积极运动。我只是想让你知道，一旦你减掉了一些体重，你不会奇迹般地对自己的外表感到满意，除非你在开始减肥之前就已经对自己的外表感到满意了。当你达到目标时，你可能会有一段短暂的兴高采烈，但不久之后，你就会开始想为什么你从来没有意识到你的肩膀太窄、你的膝盖有太多疙瘩或你的肘部皮肤看起来有点松弛。

如果你对自己的外表没有信心，那就改善你的自信而不是外表，因为这是其他东西的基础。我并不是说这是一件容易的事情，但在正确的方向上花费你的努力必须比不断尝试治疗症状而不解决潜在的原因要好。一旦你对自己的皮肤感到满意，你就可以为了娱乐和健康而运动，不管你的外表是否改变，你都会感觉很棒。

你已经阅读了本书中一些关于自信的法则㊀，所以，如果你对自己的外表不满意，就可以把注意力集中在这里。不要拿自己和别人做消极的比较，无论是你认为自己看起来怎么样，还是你认为其他人可能做了多少运动，都不要盲目攀比。你不知道他们的故事，也不知道他们不在健身房的时候会做什么。是跑马拉松，还是狂吃巧克力？如果你想看看其他人，选择一两个不是典型的好身材但看起来很棒的人，你会发现他们的身上散发出自信。这是一个很好的提醒，你不必为了感觉自己像个模特而装成模特。听听你脑子里的叙述，你是告诉自己你很有魅力，还是批评自己的外表？当你照镜子的时候，你会不会想“啊，看看我的头发，看看我的大肚子，看看我肘部松弛的皮肤……”；或者，你会不会想“是啊，你今天看起来真漂亮”。这与你的外表无关，而与你的想法有关。而这反过来又会影响你的感觉。

我可以在照镜子的时候选择看到所有好的东西（至少在我看来）或所有不好的东西。有时候我觉得每隔几秒钟就换一次镜，

㊀ 如果你是按顺序读的话。

看看这对我的感觉和外表有多大影响，尽管事实上镜子里什么都没有改变。试一试吧，它会告诉你，你内心的叙述对你的自信有多么重要。

对自己的外表有信心，

并不在于你的外表如何，而在于你有多自信。

法则 031

养成运动习惯是件好事

开始做一件新的事情需要人们付出努力。当然，努力并没有错，也可以很有趣，尤其是当你对即将开始的新事物感到兴奋的时候。有时，努力或改变会让人望而生畏，这可能是你走向积极道路上的障碍。加入当地的羽毛球小组固然好，但你能和那里的每个人都相处得好吗？他们会比你强很多吗？你真的能接受吗？嗯，其实这个星期比较忙，要不考虑下个星期开始运动？这项运动可能会持续几个月，而你却因此而推迟了其他任何运动。毕竟，一旦开始，你可能会定期打羽毛球。

你可能是那种永远都在尝试新事物的、喜欢改变的人。在这种情况下，接下来的几条法则可能比这一条对你更有用。然而，我们中的许多人都不自觉地抵制开始新事物，为自己找借口拖延或避免改变。

如果你现在整天坐在办公桌前，或者整个晚上都坐在沙发上，从不做任何运动，那么，做出一些改变是明智的。这将有助于你认识到做出重大改变会更加令人生畏，并与之配合，而不是试图与之抗争。

对你来说，运动习惯是你的朋友。你越早把运动作为日常生活的一部分，就越好。所以，找一些你可以做的事情，只要稍微改变一下，就能很快养成习惯。一旦某件事成为习惯，你几乎不会注意到自己在做这件事，它就很容易融入你的日常生活。

你可以很容易地养成良好的运动习惯，比如，坐自动扶梯时走上去而不是原地不动，把车停在离商店或车站较远的停车场，和朋友一起散步而不是坐着喝咖啡。我花了几个月的时间在走廊上等待孩子们出现和上车，在孩子们最终出现之前，我会数一数我能触摸多少次脚趾，或者我能跟着多少首曲子跳舞。

一旦你准备好了，你可以培养其他习惯，比如跑步、去健身房或加入羽毛球小组。但你仍然要认识到，习惯会让这些运动持续下去。在你经常忙碌的日子或时间里进行一次羽毛球训练，每次都是很费力气的，因为如果你只是每两周去一次，那这就不会成为一种习惯。所以，除非你非常喜欢某项运动，你的动机真的很强烈，否则，你得选择一个容易坚持的运动，并尽可能频繁地开展这项运动。每个工作日下班后在健身房锻炼 15 分钟比每周锻炼一小时更有可能坚持下去。

有很多关于养成一个新习惯需要多长时间的研究，答案有点模糊，因为这在很大程度上取决于习惯本身。训练自己去做一些冗长而不方便的事情，而不是一些你几乎没有注意到你已经在做的快速而简单的事情，肯定要花更长的时间。此外，养成每日习惯比养成每周习惯要快。但一般来说，你会发现你的新习惯在一个月内开始让人感觉自然而不做作，大多数习惯会在两三个月后变得相当根深蒂固。

找一些你可以做的事情，
只要稍微改变一下，就能很快养成习惯。

法则 032

选什么运动、怎么运动，你说了算

养成习惯会带来固有的风险，你要认识到这一点。如果你有点强迫症或好胜心，那么，改掉这些习惯就很难了。现在，如果你所做的就是在等待土豆煮熟的同时原地慢跑，那你可能没什么问题。但你确实需要确保是你在掌控自己的生活，而不是生活在掌控你。

我认识一个人，他认为可以计算步数的可穿戴式计步器会很有用，这并不罕见。他不是很健康，但他认为每天走 3000 步是个不错的起点。没过多久，他每天走 5000 步，然后是 10000 步。是的，每天走 10000 步是很好的锻炼方式，但是，如果你必须每天走 10000 步，这个习惯就会开始支配你。这可不是什么好的感觉。当然，我的这位朋友发现他的余生是围绕着完成 10000 步而不是打破纪录来安排的。这可能让他稍微健康了一点，但也让他不那么开心了，因为这妨碍了他想做的其他事情。

我有个问题。假设工作中出现了危机，你被困在办公桌前直到很晚。当你 21:30 回到家时，你已经筋疲力尽了，而你仍然只走了 2000 步。一个中立观察员可能会说："这是一个特殊的日子，你需要休息一下，就这一次，而不是冒着雨出去绕着街区走6圈。”这个中立观察员可能是对的。那么，你会怎么做呢？在这个例子中，你要知道谁是主角，是你还是你的计步器？理性地说，如果你一次走2000步，你的健康和运动不会受到任何明显的影响。那么，你能保持理性吗？无论你的习惯是走路，还是每周二都要去健身房，或者从不错过足球训练，你能偶尔在必要时打破这个习惯吗？如果不能，那你就被动了。虽然大多数时候你和你的计步器（或其他东西）配合融洽，但重要的是，当有分歧时，你要维护自己的权威，告诉你的计步器，它说了不算，你才是主角。

如果你是那种容易陷入这种陷阱的人（我们很多人都是这样），那就想办法阻止自己落入更明显的陷阱。所以，也许你可以制定一个规则，每隔几周随机打破一次这种连续性，这样就不会出问题了。对于那些需要你不断挑战自己的运动，你要非常小心，因为你可能需要增加更多的步数、更重的重量、更长的训练时间。你可以慢慢地开始一项新的运动并逐渐增加运动量，但是要给自己设定一个基准，此时你只需巩固而不增加运动量。你不必非得在一个特定时间内达到那个目标，也不必成为某种自我加强的养生法的奴隶，那是悲惨的。

先别问，我确实理解你可能采取了过激的措施，比如太频繁地让自己摆脱运动任务，以至于几乎不锻炼身体。如果发生这种情况，在我看来，那是因为你打心底并不喜欢那种运动，所以也许你应该找一种你不想逃避的替代运动。

你要知道谁是主角，是你还是你的计步器？

法则 033

保持低调

某件事对你有好处，并不意味着它越多越好。是的，我们都应该每天运动。不，这并不意味着我们做的运动越多越好。食物对我们是有好处的，但我们知道，吃太多的食物对我们没有好处，可能会产生相反的效果。为什么运动就不一样呢？

我不是医生，我不会告诉你到底多少运动对你来说是过量的——这取决于很多因素。但每天超过几个小时的专门运动可能会适得其反，我们大多数人需要的运动时间要少得多。当然，你的年龄、你选择的运动方式、你的余生要做的工作都会影响运动时长。你是做案头工作的职员，还是伐木工人（或职业运动员）？你是不是整天追着小孩子跑？你在业余时间都做些什么？

我们中的一些人太容易对运动上瘾了[㊀]。严格来说，这是一种成瘾还是一种精神健康障碍，目前还没有定论，但无论你怎么定义，这都不是一种健康的状态，也不会让你快乐。它的特点是

㊀ 这里用的是“我们”这个词最广泛的含义。

让你焦虑，并可能导致许多你不想要的症状，比如疲劳、情绪波动、受伤、性欲丧失。

人们过度运动有各种各样的原因，其中有几个原因很普遍，比如，与饮食失调有关，也可能是计步器让你感到压力，你想要把目标放得更远。也许当你运动时，你体内激增的内啡肽会鼓励你继续运动，以获得更多的内啡肽奖励，或者你周围的人都在努力运动，你也在努力跟上。

不管是什么原因，运动太多和运动太少一样不健康，尤其是考虑到随之而来的压力、焦虑、抑郁和情绪波动。因此，制定一些基本法则以确保你不会陷入不健康的运动水平是有意义的。你可以选择适合你的基本法则，但也有一些例外：

- 如果你感觉不舒服，就不要运动。
- 如果你感到非常紧张或焦虑，就不要运动（运动只能帮你缓解轻微的压力）。
- 每天运动的时间不要超过 2 小时。
- 每次运动之间至少要间隔 6 小时。
- 每周选一天偷个懒，不运动。
- 如果你前一晚睡眠不足 6 小时，就不要运动。

最后一点因人而异，取决于你正常健康的睡眠习惯，但过度运动的影响之一是扰乱你的睡眠模式。经常在睡不好的时候休息一下，是一个抵消这种影响的好方法。

运动太多和运动太少一样不健康。

第五章

放松

本章中的法则是专门教你如何放松自己的。如果你想享受生活，就必须有放松的空间。这是一个忙碌的世界，在很长一段时间内，放松是一件很难得到的事情。所以，你要充分利用放松的机会。

放松可以帮你为接下来的工作、账单、通勤、育儿、购物、上学、照顾父母、社交、运动和其他一切填满你日常生活的事情充电。这可能是你能够继续享受这些事情的原因（嗯，账单可能不会让你享受生活的）。你可以在其他时间找到你需要的能量，而不是变得越来越焦虑、烦躁和不快乐。

因此，无论你的生活多么忙碌，你都需要找到放松的方式，让你保持快乐（其他因素都不改变），让你的其余生活变得可控和愉快。反过来，这也会帮助你周围的人享受他们的生活，而不会担心你，也不会觉得你有压力且很难相处。是的，从长远来看，从不放松的人不太有趣，所以，如果你能在平日里保持基本的冷静，就不至于给大家添乱。

法则 034

找到自己的空间

我的一个孩子最喜欢的地方就是冰岛的斯科加瀑布，站在瀑布前的感觉真的很幸福。嗯，尽可能地接近瀑布呀！如果你有幸去过那里，你就会知道这是地球上最美丽的地方之一。我儿子喜欢瀑布，因为近距离站在瀑布前的体验是对你所有感官的一种冲击。巨大的水声充斥着你的耳朵，瀑布占据了你的整个视野，浪花溅满了你的皮肤，此情此景让人迷醉，一切忧伤和烦恼都会烟消云散。你便没有容纳压力、担心或愤怒的空间。因此，这是一个非常放松的地方。可惜这个地方太远了，他只去过两次。不过，他还有其他瀑布可供选择。

我认识几个人，他们从园艺中获得了同样的沉浸感和专注感，园艺同样占据了他们的思想，使他们在精神上得到放松，也许也使他们的身体得到了放松。对一些人来说，放松就是沉浸在一本好书中，或游泳，或绘画，或练瑜伽，或与小孩子出去玩。如果你有事情要做，或者有地方要去，你不敢远离日常生活的辛苦，那么，你离放松还有很长的路要走。

倘若你没有一个地方或一项活动来供你放松，最好主动去寻找一个放松的地方或一项放松的活动。最好不要去冰岛[⊖]，因为你在需要放松的时候总能轻松到达那个地方是最重要的。通常在一天结束的时候，你需要放松下来，所以找到一些有用的东西，在需要的时候去体会、去品味、去使用。“我今天过得很辛苦，我想我得去摆弄一下我的火车玩具了。”

事实上，当你没有时间去冰岛的时候，你可以就近选择一些快乐的地方。你可能在周末去一个完美的户外场所，但有时，你需要在周二提前放松一下。或者，也许跑步对你来说是完美的放松方式，但是，当你独自带着年幼的孩子时，这不是一个好的选择。

你不可能一天 24 小时都有“放松”的选择。很明显，你不能在艰难的工作会议进行到一半时突然站起来宣布你要去钓鱼且会很快回来。然而，你值得在每天结束的时候做点能帮助你放松的事情。你可以在艰难的会议中想象一下未来：“当我回家时，我要在浴缸里泡个热水澡。”这样的憧憬会让你一直坚持到周末的钓鱼之旅。

我们都会时不时地做一些特别的事情，这是理所当然的事。但是，如果你意识到你什么时候需要放松，并且心中有一个可以实现的特定活动（或者根据不同场景做出选择），那么你更有可能在紧张的时候把它作为一种减压的方式。而且，你更有可能在当天晚些时候一有机会就去做这件事。

你在需要放松的时候总能轻松到达那个地方是最重要的。

⊖ 除非你就住在冰岛。

法则 035

保持速度，动作要快

两周的假期是放松的好方法。然而，你可能需要等几个月才能得到这个机会。到那时，你的压力可能已经达到了两周都无法缓解的程度。压力很容易积累，当事情变得艰难时，应对的方法就是释放压力，即使你只能少量地释放压力，也要不断地将其释放。如果你足够频繁地释放压力，也会产生很大的效果。经验证明，那些制定了短时间放松策略的人更容易控制自己的整体压力水平。

你需要在工作时间上厕所，这需要五分钟的时间；或者，当你的孩子在尖叫而你又躲不开的时候，你得做点什么；或者，当你的母亲不在房间的时候，你会做一些事情。事实上，你需要一套包括 3~4 种不同的镇定技巧的放松策略，并且其中至少有一种技巧是可行的。

从理论上讲，从 1 数到 10 总比什么都不数好。从 100 开始倒数更好，这需要足够的注意力，让你无法专注于其他事情。如果你很擅长数数，那么你可以倒数三次。或者，你可以做一个简单的呼吸练习，用鼻子吸气且用嘴巴呼气三次，或者用你悟到的任何适合你的呼吸方法。如果你有五分钟的时间，可以做六次转肩运动，一次快速数独游戏（这是另一个让你停止思考其他事情的游戏），一套瑜伽伸展运动，观看 YouTube 上的猫咪视频，闭上眼睛想象冰岛的瀑布（或任何让你快乐的地方）。

以下东西可不管用：烟草、酒精、巧克力、咖啡因……你要自己放松自己，不要依赖任何物质来帮你放松。在最好的情况下，它们会让你觉得一切都很好；在最坏的情况下，你会在困难时期依赖它们。我并不是说永远不要沉迷其中，只是不要用它们来缓解压力。

有时候，压力的来源是同事或家人，他们真的让你心烦意乱。在这种情况下，你可以给你的伴侣或最好的朋友发短信，向他们抱怨你最近的烦心事，或者把抱怨的话直接写在你手机上的应用程序里。你也可以把烦心事变成有趣的轶事，这有助于抵消压力带来的挫败感。即使只是在别人离开房间后对着他们做鬼脸也能让你感觉更好。是的，这显然是微不足道的动作，但它仍然有帮助（只是不要在观众面前这样做，我们不想让每个人都知道你有多小气）。

如果你只有两三分钟的时间，这些短暂的平静是非常有用的。当然，它们不会总是让你感到完全快乐和无忧无虑。你的目标是降低压力水平，而不是消除压力。如果你足够幸运，等到下班回家，或者等到孩子们都上床睡觉，或者等到某场大型考试、项目或展览结束，你就可以彻底放松了。

如果你只有两三分钟的时间，
这些短暂的平静是非常有用的。

法则 036

训练你的大脑放松下来

人类的大脑是一个非凡的东西。你越使用和强化大脑中的神经通路，它们就越强大。同样，当你看到或闻到食物时，你会分泌唾液，所以，你可以训练你的大脑在面对某些事情时放松下来。

如果你经常通过闭上眼睛深呼吸、保持耐心或散步五分钟来放松你的大脑，当你的大脑面对这些触发因素时，它就会学会放松。一旦你训练你的大脑将这些把戏与放松联系起来，它就会得到信息，并在一开始就很快进入放松模式。

你仔细想想，如果一开始就不是很紧张的话，你的大脑会更容易放松以应对这些活动。请耐心听我说，这没听起来那么蠢。显然，只有在你并没有感到有压力的时候才能帮你减轻压力的策略实在是太扯了。但是想想看：如果你正在训练自己去跑马拉松，你开始只跑几公里，然后逐渐增加，这很好。同样，如果你训练你的大脑去放松，它就会学着慢慢去靠近放松状态，即使你处于压力之下也不影响它的放松进程。

所以，不要借口说你现在没有压力而无视本条法则。完美的时机！现在正是你应该培养放松技能的时候，这样，当你下次需要这些技能的时候，它们才会真正起作用。这只是时间问题，不幸的是，我们所有人都会遇到压力事件，有时这会持续很长一段时间。无论你的家人是否病得很重，还是你的工作岌岌可危，或者你的关系正在破裂，或者你无法偿还抵押贷款，这些压力都会持续一段时间——几周或几个月，也许更长。在这段时间里，你所能做的控制焦虑或恐惧的一切努力都是宝贵的。

当然，当那个时刻到来的时候，如果你能花尽可能多的时间放松，那就太好了。假日、户外旅行、晚上和朋友聚会或在健身房锻炼，这些都会起到一定的作用。然而，一天中所有这些短暂的放松时刻都会把压力控制在一定的水平，让你在更专注的放松时期之间穿梭。但前提是你的大脑接受了训练，并且几乎在你开始的那一刻就能直接进入放松模式。

如果你需要在某些活动之前快速放松，这也很有用。例如，你经常参加某种体育比赛，并且在赛前感到焦虑；或者你可能发现做演讲很伤脑筋，想要在开始之前立即进入状态。这些情况不允许你花几分钟的时间做准备，你需要让你的大脑一收到信号就自动放松下来。

一天中所有这些短暂的放松时刻
都会把压力控制在一定的水平。

法则 037

为假期做计划

当我 18 岁的时候，我有两个好朋友决定在中学和大学之间休学一年去旅行。他们打算花 8 个月的时间打工挣钱，然后用最后 4 个月的时间环游欧洲。他们计划走遍几乎欧洲的每一个国家。他们花了几个月的时间研究最佳路线：他们可以在哪里停留，他们不能错过哪些景点，等等。他们每周都花几个小时在一起计划他们的长途旅行，并和每个人谈论这将是多么令人兴奋的事情。但就在出发前一个月，他们取消了整个计划。当然，我们其余的人都追问了原因，他们解释说，他们在计划假期时度过了如此美好的时光，所以他们明白，真正的旅行不能满足他们的期望。

我还记得我的一段特别艰难的时光，大约一年两度陷入紧张状态。不过，我可以周末去一个僻静的地方待上一晚，暂时休息一下。唯一的问题是，当我回家后，放松的效果会在 24 小时之内消失殆尽，我开始怀疑自己这么费力出去休假是否值得。最终，几个周末的休假计划在最后一刻泡汤了，我放弃了外出度假。那时我才意识到，周末休息固然有益，但并不是我想象的那样。周末休假的美好感觉几乎都发生在正式休假开始之前。的确，放松的效果很快就消失了，我没有期待周末休假会带来多大的益处。

没有法则会告诉你，度假可以让人放松。我想你已经自己想明白了。但不要低估了期待度假的重要性。好好去欣赏、品味和享受那些等待假期开始的日子。如果你意识到这一点，这会使放松的效果更好，也有助于避免失望情绪的产生。如果假期辜负了我们的期望，那么，我们休假越久，就越会感到沮丧。如果你得到了每一寸意想不到的快乐，是的，你知道你已经得到了快乐，那么，不管假期最终到来时发生了什么，你都更容易感受到这种益处。想象一下，在海滩上放松，或依偎在篝火前，或站在半山腰眺望风景，当这些即将成为现实时，你会倍加放松。所以，吸收放松的所有价值，无论发生什么，谁也不能阻止你自我放松。

有些人已经喜欢事无巨细地计划每一件事，并研究他们可以在外出时做的所有事情。而有一些人则偏爱惊喜和顺其自然，更喜欢碰碰运气的感觉。如果你是一个不过度计划的人，这并不意味着你不能充分享受期待的感觉。你采用不一样的方式，比如，少写一些行程，多做一些想象。喜欢想象的你想象自己可能会做的一些事情，就像喜欢盘点旅游景点的人列出景点清单一样有趣。所以，如果你不能确保你的钱花得物有所值，即使在最后一刻取消，也不要找借口。

好好去欣赏、品味和享受那些等待假期开始的日子。

法则 038

如果你不尝试，你就不会放松

有些人（你看看自己是不是这样的人）似乎需要一个关于假期的法则，如果你不让他们放松，他们就不会真正放松。你坚持一收到邮件就处理（即使你在海滩上或在与家人出去吃饭时也要回复邮件），那么你在假期结束时感觉不到轻松也不要责怪任何人。另外，你的家人知道到底该怪谁，因为这实际上也破坏了他们的假期。你为什么要这样对他们？

如果你独自度假，我想这种行为是你的选择。但是提醒你一句：如果你不允许自己放松和享受假期，那你就是在浪费钱。如果你和其他人一起度假，这是完全不能被接受的。唯一的借口是，你可能没有意识到这对你的家人和朋友来说是多么痛苦。但现在我已经向你解释过了，没有借口，所以别再犯了。

有人认为自己是度假时不可或缺的人物，其实不然。那你为什么在度假时频繁接老板电话呢？不要告诉我，这是因为你的老板希望这样，如果他有这样的期待，那只是因为这份期望是你给的。除非你的工作合同明确规定，你绝不能去不能保持 24 小时电话畅通的地方度假，[⊖]否则你就可以远离公司的“雷达”。你可以一直声称自己在爬山、在潜水，或者在乘坐潜水艇之类的东西。当然，如果公司有急事，你的老板可能会想和你简短地联系一下，但我们说的是每十几个假期发生一次的事情，而不是每个假期都发生一次的事情。即使你是老板也不可以打搅员工度假，确保你对自己不能上班、不在公司的时候委派责任、安排假期的事情做了适当的计划，不再需要事后用电话或邮件骚扰大家。如果你在住院，公司没有你也能处理好事务，所以，当你不在的时候，让同事们去处理吧——这很容易，因为这是计划好的，也是预期可实现的。

想想你为什么喜欢在度假时保持工作上的联系。对自己诚实一点，因为这是有原因的，而且是内心深处的原因。这会让你觉得自己很重要吗？如果公司发现没有你也能照样运转，你是否害怕会发生什么？你喜欢被需要的感觉吗？当你不工作的时候，你是否忘记了自己是谁？这些都不是毁掉和你同行的人的假期的好理由。但是，明智的做法是分析和摸清这些情绪。休假是正常的，仅仅因为你计划得好，所以部门在你缺席的一两周能够正常运转，但这并不意味着你的老板会怀疑公司是否需要你。如果你没有弄清你需要在假期工作的根本原因，你就永远无法放松和享受休假时光。

如果你必须签到，在一天结束的时候打开你的手机一次，就

⊖ 我建议你不要签那种卖身契。

这样吧。不要回复任何你不需要回复的东西。设置自动回复，这样人们就知道他们不能联系你了。如果你仍然觉得很难把自己从工作中抽离出来，那就去南极洲、亚马孙、水下或其他没人指望你能收到手机信号的地方度假，或者至少告诉老板你在做什么。

如果你必须签到，
在一天结束的时候打开你的手机一次。

法则 039

专注当下，做生活的留心者

让我们感到压力或焦虑的很多事情都是关于未来的：这次会议将如何进行？假设我这次失败了怎么办？在某种程度上，担心未来是有用的，因为我们能够提前计划和采取预防措施，并预测我们可以避免的陷阱。然而，无法逃避的事实是，担心未来可能会带来压力。

另一堆担忧与过去有关：我是否应该做出不同的决定？为什么会发生这种事，我希望哪些事情没有改变？这可以帮助我们避免重复犯错，尽管有时会让我们感到后悔、内疚、沮丧或担心。永远生活在未来和过去是不可能的，事实上，这么做在很多时候都是很有用的，可以说是我们生而为人的一部分情怀，正如我们在法则 009 中看到的那样。

然而，过去和未来都可能被焦虑困扰。恰当的开心记忆或快乐的期待可以让人非常放松，但我们大多数人迟早都会开始担心。那么，为什么不关注当下呢？这是一件稍纵即逝的事情，此后我们会更容易找到一个没有烦恼的小角落。这并不是一天 24 小时都可行的选择，而是每天在没有迫在眉睫的问题或担忧的时候抽出几分钟的事情。你可以在公园的长椅上坐几分钟，或者去跑步，或者坐在你最喜欢的椅子上喝杯茶。

这是一个很好的开始，现在你可以进一步推进这个过程了。你可以完全专注于当下，并扮演一个观察者的角色：注意远处有一列火车经过，或者你的头发拂过你的耳尖，或者你能闻到烹饪的味道。把你的思想局限在此时此地。你会情不自禁地放松下来，因为你忽略了所有可能让你感到紧张的事情。

我知道，这在实践中不太容易。但就像所有事情一样，实践是关键。每天这样做，你会发现，放松会变得越来越容易，因为你又要训练你的大脑释放压力了。如此，当你需要休息几分钟时，你的大脑随时可以进入放松模式。

当你这样做的时候，你会发现，尤其是刚开始的时候，担心和焦虑会潜入你的脑海。从长远来看，你可以很快地重新关注当下，但你需要一段时间才能掌握其中的窍门。这个诀窍就是记住你是自己情绪的目击者，所以，你可以看着你的思绪掠过：“看，这是下周演讲的压力。”“看看我又在担心我妈妈了。”这样做的效果是让你有一种从恐惧和焦虑中解脱出来的感觉，这样你就能从这几分钟的放松中获益。

记住你是自己情绪的目击者，
所以，你可以看着你的思绪掠过。

法则 040

你需要全面放松

我们认为放松是一件需要很少体力的事情。这确实是一种放松的方式。然而，值得考虑的是你的哪一部分真正需要休息。打个盹儿，或者坐在阳光下，或者做一些温和的瑜伽，这些当然能让你的身体放松，但这是你需要放松的部分吗？

如果你一直在奔波，疲惫不堪，或者你整天都站着，或者你的工作很活跃、很忙，那么你可能真的需要放松你的身体。但假设你已经在办公桌前坐了一整天，或者给电话公司打了一连串令人沮丧的电话，[一]或者写了一份非常有挑战性的报告。你可能会觉得有必要恢复平衡，但你需要的是精神放松，而不是身体放松。

你的情绪需要缓和一下，那就远离难缠的同事、病重的父母或吵个不停的孩子。身体的休息可能会有帮助，但没有直接助力于放松你真正需要放松之处。

㊀ 无法想象为什么那个例子会出现在我的脑海里。好像我昨天大部分时间都在打电话，试图接通电话……哦，真讽刺！

想想你为什么需要放松，然后找一些真正能直接触及压力源的事情去做。就个人而言，当我精神疲惫时，我的第一选择是任何能让我笑的东西。是的，轻快地散步、小睡或洗个热水澡都有帮助，但笑才是关键。具体可能是你最喜欢的一个电视节目，或者你给那些总能让你笑的人打一个电话，甚至是你把当前的一个压力源改编成一个有趣的轶事并准备讲出来逗笑别人。

当我精神过度疲劳时，我更有可能转向一些能让我的大脑暂时关闭的事情，不管这是否意味着身体上的放松。我可以耐心地玩我的平板电脑，读一本垃圾小说，去跑步，[一]看任何不需要我思考的电影。所以，是的，泡个热水澡、做瑜伽、喝杯茶、小睡都是我的拿手好戏，但我主要是在忙得不可开交的那些日子里才做这些。

如果你想从你必须放松的时间中获得最大的价值，就要意识到你为什么需要放松。如果你总是认为“我累了，我需要小睡一会儿”，你当然会受益良多，但你错过了更好的放松机会（如果有的话）。当然，总有那么几天，你会在身体和精神的各个层面上受到打击，因此，你可以不受时间限制地尽力去放松。但你还是要好好想想，确保你在尽自己最大的努力应对耗尽的情绪、疲惫的头脑和破碎的身体。因为在这些日子里，你最需要也最值得去尽情放松。

找一些真正能直接触及压力源的事情去做。

[一] 嗯，跑步的事儿我撒谎了。

法则 041

改变一下你的爱好

有人说，改变与休息一样好，当然，做一些脱离自我的事情是休息和放松的好方法。当你回到家的时候，带一个小孩玩耍是缓解一天工作压力的好方法，其效果与遛狗或去当地足球队训练一样。

所以，如果你容易感到压力、紧张或焦虑，确保你有定期的活动来帮助你摆脱压力。最好不止一项活动。你可能已经有很多爱好和活动，但它们能帮助你放松吗？我的一个朋友在业余时间常常做戏剧表演工作。她很喜欢，但这也给她带来了压力，比如，她要和女主角相处，还要背诵和理解台词。如果她喜欢，她当然应该继续做下去，但这并不是一种放松的活动。当她觉得需要一点“亲切的关怀”时，她仍然需要想出一两个简单、有趣、不复杂的爱好。

想想你的业余爱好，当生活变得复杂时，哪些爱好能真正帮助你放松和舒缓。你最好诚实一点，这些法则是为你制定的，如果你不帮助你自己，那我也帮不了你。我不会让你停止做你喜欢做的事，我得让你有安全感。你可能会发现，当你思考这个问题的时候，你开始质疑，如果这些不能给你带来任何快乐或放松，为什么你还在执行邻里守望计划，或者去参加普拉提课程，或者做针线活儿呢？

如果你意识到这些事情不再让你感觉良好，那就放下，为其他能让你感觉良好的东西腾出空间。不要告诉自己你会让别人失望——总会有人来接替你，你也不必明天就发出通知。如果感觉好些的话，你可以再抽出几周的时间让自己慢慢抽离。做一些你不再从中获得任何好处的事情是愚蠢的，即使你曾经从中获得过好处。但是，如果你喜欢你现在的消遣，那就继续吧。别在意我的话。任何让你快乐的事情都值得。如果某件事不能帮助你在享受之外还可以放松，你可以找一些新的事情来平衡一下，帮你放松下来。具体是什么事情，那就看你的爱好了，是吧？

你可以寻找一些你经常做的事情。例如，如果你是一个带着小孩子住在房子里的单亲家长，不要依赖于需要你组织儿童保育的活动，只是这种事情不会经常发生。当然，如果这种活动有吸引力，你可以报名参加，但在那些你不得不在家的晚上，你可以有其他选择。想一想你真正需要什么样的放松方式。如果有必要的话，重读上一条法则。

认真考虑一下什么可以给你一个发泄紧张或焦虑的出口，但不要忘记，如果它不能满足你的需求，你就可以放弃它，尝试其他的方式。我们每个人都不一样，所以这种方法对每个人的效果都不一样。不要让你的朋友强迫你参加他们的萨尔萨舞课，或者组一个四人桥牌小组，或者担任扶轮社的财务主管。这些法则是为你制定的，只有你可以选择。

我们每个人都不一样，

所以这种方法对每个人的效果都不一样。

法则 042

晚上睡个好觉

如果你睡得不好，你就不可能正常工作，也不可能感到放松。我们都有睡不好觉的奇怪夜晚，或者睡得很好但睡眠时间不够的时候。但我们中有太多人养成了不必要的习惯，这意味着我们经常睡得不好。长时间睡眠不足会导致各种各样的问题，比如脾气暴躁、患上糖尿病和心脏病。

关于睡眠的研究有很多，忽视睡眠问题是愚蠢的。缺乏睡眠相当于罹患严重疾病，会让你的大脑变得模糊，让你更容易咳嗽和感冒（良好的睡眠有利于你的免疫系统）、饥饿感更强，甚至会降低你的性欲。你还要不要熬夜伤身呢？如果你允许自己养成不好的睡眠习惯，那你就是在伤害自己的身体。

顺便说一下，周末睡个懒觉也许感觉不错，但这并不能改善你的健康状况。你需要确保你每天都有充足的睡眠。我意识到，有些人尽管遵循了所有这些建议，但还是睡不好，而更多的人没有给睡眠一个机会，他们熬夜贪玩却抱怨自己睡不好。

这不是关于睡眠技巧的指南，保证睡眠良好的方法有很多，你得自己去研究。你毕竟是个成年人了。我感兴趣的是，为什么我们这么多人允许自己养成坏习惯，然后什么也不做，只是抱怨自己有多累。我建议出台一条法律，规定你不能抱怨或易怒，除非你真的坚持了一段时间的良好的睡眠习惯却没有成功。

对很多人来说，睡眠不好只是其中一部分问题。睡眠不足的状态给你带来了关注和同情，或者为你的工作不达标提供了借口，或者展示了你有多忙——如果你这么忙，你一定是个重要的人，对吗？——或者你真的是备受虐待和折磨，这也值得同情。很抱歉听起来很刺耳，但对大多数人来说（不是所有人），抱怨睡眠不足的背后都有上述一些原因，但他们都没有为此做出任何改变。

当然，抱怨睡眠不足很少是有意识的，或者至少很少是经过深思熟虑的。然而，即使抱怨者赢得了一些同情或钦佩，依然不值得为之付出代价。这不是一个合乎逻辑的、聪明的、明智的方式。即使没有精神上的支持，只要睡个好觉，你也会感到快乐。

因此，请阅读这些指导意见以获得更好的睡眠，并遵循这些建议。或者，如果你坚持每天晚上都要往肚子里塞太多的东西，玩手机一直到深夜，避开你的生物钟能跟上的日常习惯，或者无视所有的建议，那你至少不要向我们抱怨。

即使没有精神上的支持，
只要睡个好觉，你也会感到快乐。

法则 043

户外，阳光，新鲜空气

我们前面的几代人是“新鲜空气”的忠实信徒，但随着时间的推移，这种信仰逐渐消失了。现在很多人很少出门，除非他们有一个阳光灿烂的空闲日子。但是，新鲜空气对你的好处远不止让你感觉良好。如果你是农民或树木外科医生，或者，如果你经常把所有的空闲时间都花在园艺上，那么你就不需要阅读这条法则，但我们大多数人最好呼吸更多的新鲜空气。

我很幸运，因为我住在乡下。然而，即使你住在空气不那么干净的城市，只要你避开交通繁忙的时候，户外也比你的办公室或工作场所的空气更好。如果你能在周末或晚上出城，那就更好了。实际上，即使你什么都不做，只要在户外就能对你的健康起到促进作用。当然，运动更好，无论是温和的散步还是剧烈的骑行，都能让更多氧气进入你的肺部。花园或院子是一个比室内更好的固定运动空间，如果你有，就去那里做俯卧撑、跳舞或做重量训练吧。

这不仅是我个人领悟出的道理，也不仅是关于健康的过时想法，而是得到了大量研究支持的观点，这些研究以各种方式证明了呼吸新鲜空气会让人们感觉良好。所以，如果你想好好照顾自己，那就在你的日常计划中安排一些户外活动的时间，记住不要只把户外活动留给晴天。

每天只要呼吸几分钟新鲜空气就能改善你的睡眠（这样你就不用日复一日地因失眠而抱怨了），增强你的免疫系统，提升你的能量。新鲜空气会增加你体内的氧含量，从而增加你体内血清素的含量，而血清素是一种能让你感到快乐和放松的激素。研究表明，吸入植物、花朵和自然世界的气味，也会提高人体内血清素的水平。你可以在回家的路上从花店给自己买一些花，但在树林、花园、海滩或公园里待上一段时间要好得多。

还有维生素 D，你的身体通过阳光中的中波紫外线来制造维生素 D，它对你的骨骼、牙齿和免疫系统等都有好处。你必须到室外去，因为中波紫外线不能穿过玻璃，所以，坐在窗户旁边是无法沐浴阳光的。在英国，一年中你大约有六个月的时间可以从阳光中获取所需的维生素 D，但前提是你每天在户外待上几分钟。一年中剩下的时间里，你可以通过吃鸡蛋、油性鱼和红肉来获得维生素 D，但不要让这些食物阻止你到户外去享受维生素 D 给你带来的所有其他好处。

有人说，没有坏天气，只有穿错了衣。当阴天、下雨、下雪或刮大风时，户外活动的所有好处同样适用。因此，不要做那个“等到天晴再出门”的人。来吧，戴上围巾和手套，到户外活动一下。这是生活在寒冷环境中的人一直在做的事情，真是棒极了——只要你穿对了衣服就行。

实际上，即使你什么都不做，
只要在户外就能对你的健康起到促进作用。

法则 044

寻一方心灵净土

这是我从别人那里学到的经验，寻一方心灵净土对我来说是一个巨大的惊喜。我们大多数人几十年来都经历了各种各样的随机事件，时而紧张，时而沮丧。你可能会惊讶地发现，大多数压力都是可选的。你根本不需要压力，你可以关闭压力。

是啊，我也是。一开始我不相信。这么多年来，缓慢的交通、难以相处的同事、考试和面试、电脑故障，以及我还没洗完澡就停水的尴尬，都让我倍感压力。其实，我都在瞎紧张。我不需要为任何事情感到压力。我只是希望有人能早点告诉我这个道理。

可以说，拒绝压力的心态改变了我的生活。我变得比以前更平静了，这让我更加享受每一天。这一切都是因为有人告诉我，我不必有压力，这是我做出的选择，我可以停止这样的选择。

这是一种顿悟，我意识到自己在拒绝选择压力，尽管这完全是无意识的选择。如果交通缓慢，那就慢吧，我对此无能为力。

但我确实有一个选择：被困在缓慢的交通中，我是感到压力还是感到平静呢？我不用猜就知道哪一种感觉更可取。

当我们因这些日常琐事而感到压力时，我们会在内心进行对话，谈论这是多么令人恼火、我们如何会迟到、我们为何有太多事情要做，以及这将如何浪费一整天时间……但这些不断升级的、沮丧的想法都不会促进交通恢复正常。那么，我们为什么要思考这些问题呢？将这些想法统统抛到九霄云外去吧！打开收音机，跟着电台一起唱，然后想点别的事情。

围绕压力和挫折的语言是没有帮助的，这也是我们从来没有意识到我们有选择权的原因。我们说“糟糕的交通使我压力很大”或“我的同事快把我逼疯了”，就好像是他们控制了一切，把沮丧强加给了我们。这样的心态让我们成为受害者。而且从来没有人解释过，其实我们是自己选择被交通搞垮或被同事逼疯的。如果没有人告诉我们这些，我们为什么会停止对这些事情感到压力呢？

我明白，对于那些有真正焦虑问题的人来说，这条法则不会立刻扭转乾坤。事实上，如果你不是很焦虑，但由于某种原因你想继续感到压力，那就继续吧。这不是别人的问题，而是你的问题，但如果你不认为这是一个问题，那很好。但如果你和我一样，一辈子都断断续续地感到压力，现在就想停下来，那么我可以帮你。

自从我学会了这条法则之后，我成功地将它应用于从汽车故障到搬家的一切事情上。是的，这条法则甚至对一些大事情也有效。唯一不适用的地方就是你为你爱的人严重焦虑的罕见情况，那可不是小小的担忧（这条法则对我爱的人依然有效），而是真正的长期健康担忧。那里涉及太多的深层情感，虽然本条法则的方法也可以缓解压力，但你依然会焦虑。

这些不断升级的、沮丧的想法
都不会促进交通恢复正常。
那么，我们为什么要思考这些问题呢？

第六章

饮食

对于食物这样的基本生活必需品，我们并不觉得很难管理，尤其对于那些生活在可以充足供应食物和满足对食物选择的地区的人。食物是生命的基础之一，但你不会听到人们说“我的饮水真的有问题”或“我只是发现很难呼吸到适量的空气”。不，食物在我们生活中占据了一个特殊的位置，它与我们的心灵紧密相连，所以，我们吃的东西反映了我们如何感受、如何成长、如何看待自己。

当然，部分问题在于食物真的很好吃。在一个寒冷的下午，我们很难不去享受一片热黄油吐司，而我们却没有真正注意到我们呼吸的空气。所以，也许我们想要更多的土司，或者一些与之搭配的东西……我从来没有想过要呼吸比我需要的更多的空气，但我经常想要吃比我需要的更多的食物。

当然，吃过多的食物可能是不健康的，但吃的食物太少会造成同样的后果。此外，吃错了食物也会让你遭罪。我们与食物的关系很复杂，许多人会觉得吃什么和吃多少都是个问题，都会妨碍我们享受生活和保持健康。如果你有时会与食物做斗争，那就很有必要去了解一些关于食物的法则，从而确保食物在你生活中发挥积极的作用，让你快乐，还让你保持健康。

法则 045

吃对食物就健康

首先，让我们来解释一下为什么你要认真对待食物。你吃的食物对你的身体健康有很大的影响，现在有大量的科学研究表明，食物也会影响你的情绪。是的，正确的饮食习惯会让你更快乐。

这不是一本健康饮食指南。市面上有很多不错的美食书，而且它们的要点都是一样的。饮食要均衡，多吃天然的、未加工的食物，多吃水果和蔬菜，吃一些蛋白质和一些淀粉，什么都不要吃太多，就这么简单。我知道这个观点对年轻人来说是多余的，但随着年龄的增长，患心脏病、糖尿病、高血压和其他疾病的风险越来越大时，你就越希望自己早点养成良好的饮食习惯。

食物和情绪之间联系的确凿证据是最近才出现的，越来越多的研究表明，吃得好确实能改善你的心理健康，并减少抑郁，还能给你能量。我说的不是那块能让你开心五分钟的巧克力，也不是特殊的食物、神奇的配料或花哨的饮食。我只是建议你吃对自己有益的东西（如上所述），以及不吃对自己有害的东西：加工食品、用大量油烹饪的食物、碳酸饮料、含糖的食物……哦，你知道那是些什么食物。

规律进食也有助于健康。如果你的血糖下降，你更有可能感到疲倦、沮丧或“饿怒”，这是你的心情和你的食物之间最广为人知的关联之一。你要保持充足的水分。不一定非得是水，尽管水是最理想的选择，只要是无糖饮料就可以了。

保持健康的方法有很多，没有“唯一正确的方法”一说。你可以选择地中海式饮食，或者日式饮食。你可以是素食主义者、纯素食主义者，也可以不是，尽管研究表明，吃太多红肉会增加抑郁和焦虑。事实上，如果吃纯素食或素食对你的心理健康有益，那为什么还要担心呢？如果没什么益处，你可能需要重新考虑，或者你要加倍确保你从其他地方获得了所有相关的营养。说到照顾好自己，你要尽可能地保持快乐、健康和精力充沛，不要让别人告诉你应该吃什么或不应该吃什么。当然，我是例外，你可以听我的。我会建议你吃任何对你有用的食物——从好东西中精挑细选，尽量避免吃那些不好的食物。挑选美食的过程并不复杂。

顺便说一下，如果你认为这条法则是明摆着的（你是对的），那么恭喜你。据估计，大约 90% 的人饮食不合理，所以，如果说学习这条法则对你来说是浪费时间，那你就进入了前 10%。干得漂亮！

保持健康的方法有很多，
没有“唯一正确的方法”一说。

法则 046

不要挑食

我认识一对夫妇，他们在美丽的西印度群岛的多米尼加建立了一个生态旅馆，那里相对来说没有受到外界的影响，那里的加勒比人仍然以他们几个世纪前的方式生活。以前有个当地妇女在厨房帮忙。显然，当老板娘做饭时，她会邀请这个加勒比女人品尝食物并征求其意见。这个女人很高兴地尝了尝，但不知道味道好不好。她的回答是："这只是食物，我很感激我有幸品尝。"

我永远不会忘记这一点，这让我突然意识到，在世界上大多数地方，尤其是西方，我们如此轻视食物。我们满不在乎地说："我不吃这个。""那让我觉得臃肿。""我在 18:00 后从不碰奶酪。"你不是说不用挨饿就高兴吗？

我并不是说，如果我们的食物足够丰富，我们也不应该偏食，但我们应该认识到，美食时尚实际上是一种奢侈品，许多人负担不起，对此也没有概念。我说的不是严重的坚果过敏之类的问题，而是在谈偏好，或者在某些情况下只是单纯的挑食。就我个人而言，我真的不喜欢很苦的生菜，如果有人给我，我就把它们留在盘子的边上，但我试着记住，这样做是一种奢侈，另一种生活中的人们会对这些食物心存感激。

例如，对于生活在食物匮乏的地区的人来说，纯素食主义和素食主义是一种奢侈品。对你和这个地球上的人来说，它们可能是极好的饮食，你应该自由地做出选择，但不要忽视你能够做到这一点的优势。这与视角有关。做你能做的任何选择，但要认识到，对许多人来说，如果他们不得不吃含有麸质的面包，这个世界并不会崩溃。事实上，这可能是维系他们的世界的东西。

事实上，我认识的那些拥有最轻松、最快乐、最健康饮食的人，都是那些保持简单的人。他们可能不会选择为自己买一些奇怪的食物，但他们几乎什么都吃，不会大惊小怪。挑食和赶潮流的危险在于，它们会成为你对自己不满意的事物的一个替代品或借口。它们可以鼓励你关注自己的问题，关注自己的内心，让一切都围绕着你。这永远不会让你开心。更好的办法是继续生活，吃别人给你的食物（就像我小时候那样）。

我知道，我可能让一些读者朋友感到不安。但你买这本书是为了学习什么是有效的方法，而不是为了强化你原来的观点。如果这让你感到不舒服，我很抱歉，但过多地关注自己只会让你更苦闷，而不是更开心（参见法则 001）。这不是我们想要的结果。所以，避免那些你真的不喜欢、不相信或不适合你的奇怪食物，但不要找人谈论——这是你自己的事情，其他人不需要知道——也不要让食物成为麻烦！

挑食和赶潮流的危险在于，

它们会成为你对自己不满意的事物的一个替代品或借口。

法则 047

培养你与食物的关系

我认识一些人，他们坚持某种饮食方式，完全不吃常规食物。也许他们会选择某种宇航员食用的粉状食品以摄入所有必需的营养；或者他们会奉行速效减肥法，只吃奶昔。我观察到，几乎每一个人都在为切断与“正常”食品的“外交关系”而挣扎。

无论食物是健康的还是不健康的，我们都与食物有着密切的、终生的关系。试图完全切断这种关系是非常困难的。在这些“无食物养生法”中做得最好的人几乎总是那些与食物保持联系的人，只是他们实际上并不吃食物。例如，父母继续为孩子做饭，尽管他们自己不分享食物。这让我感兴趣，因为它突出了我们大家对人与食物的关系的重视。

如果你对自己的饮食习惯不太满意，你觉得自己吃得太多、太少，或吃错了食物，或在错误的时间吃了错误的食物，这反映了你对人与食物的关系不满意。而且，就像所有的关系一样，这意味着你要努力让这种关系回到正轨。我们生来就和食物有着完美的关系。我们饿了就吃，不饿了就不吃。在某个阶段（通常早于我们的记忆），这种关系开始发展，变得更加复杂。这通常是我们对环境的反应：食物是否很难获得？是否有太多不健康但美味的食物？我们的父母如何对待食物，以及他们希望我们如何对待食物？

对于我们中的一些人来说，所有这些因素都会导致一种不健康的“人与食物的关系”。许多复杂的、也许相互冲突的暗流逐渐形成，使我们在感到饥饿的时候吃一些健康的食物不再是那么简单了。这种人与食物的关系开始占据主导地位，占据我们更多的思想和生活，而不再对我们有益。

将人与食物的关系过度复杂化并不符合我们自身的利益。我们每天都要与食物重新建立联系，而且我们与食物的关系越简单，就越容易保持健康。

当然，将自己与食物的不正常关系恢复正常也不容易，就像任何关系一样。然而，第一步是要认识到问题的根源是人与食物的关系，而不是你在焦虑的时候吃东西，或者不喝杯酒就无法放松下来，或者只想吃一块饼干却不能停下来，或者在吃饭延误时大喊大叫。这些都是症状。

所以，这就是你要集中精力的地方。不要再纠结要不要把剩下的饼干吃完，要把注意力集中在人与食物的关系上，剩下的事情自然就会水到渠成了。我明白，对于一些人来说，这可能是一个终生的挑战，严重的饮食失调往往需要专业的帮助。然而，我们的宗旨是你要和你在婴儿时期吃过的食物建立简单且单纯的关系。

我们生来就和食物有着完美的关系。

法则 048

暴饮暴食与饥饿感无关

当夫妻二人为谁该洗碗而争吵时，这通常不仅仅是该轮到谁洗碗的问题。这是关于一些潜在的问题，比如，两者中的一个感觉被对方轻视了。大多数关系中的争吵都是这样的，某些事情引发了根深蒂固的抱怨，争论的焦点是触发因素（洗碗），而不是真正的问题（感觉被对方剥削了）。

同样的事情也发生在你与食物的关系中。当你吃一袋饼干的时候，其实并不是你饿了。它关乎更深层次的问题。潜在的原因各不相同，比如舒适、无聊、强化低自尊，我不能确切地说出你的情况是什么，你得自己解决这个问题。在你做到这一点之前，你将很难停止吃饼干。

当我读到关于肥胖的研究时，我经常感到沮丧，这些研究似乎认为那些吃得过多的人之所以这样做，是因为他们感到饥饿。他们专注于如何帮助人们认识到什么时候产生饱腹感，或者理解饭前的饥饿感属于常态。虽然我相信这是有道理的，但对于数百万人来说，暴饮暴食与饥饿感无关。当然，这是一种感觉，只是，这是不同的、复杂得多的感觉。

有时候我们的问题非常简单明了。有些人吃饼干是因为他们戒烟了，这让他们的手有事可做。如果它造成了问题，就需要解决，但它应该相当容易解决。然而，有时问题要深刻得多，也许可以追溯到童年。他们可能生来就有某种创伤，或者在小时候，他们的家人对食物的态度不正常。

我们都有这样或那样的问题。它们并没有体现在我们对食物的态度上，但对我们中的很多人来说，它们确实如此体现了。我们这代人在战后成长的过程中听到了各种各样的信息。我们的父母经历过食物短缺和定量配给，他们教我们去吃摆在我们面前的一切东西。只有到了青少年的时候，我们才可以想吃什么就吃什么，所以我们中的很多人都吃到碗底朝天，努力保持健康的体重。这不能说是谁的错，但确实给很多人留下了一个问题，即他们必须什么都吃，然后又不得不什么都不吃。

为了解决这个问题，你必须理解你的内心深处不愿意在盘子里留下任何食物。这并不是因为你饿了，或者对“浪费”有意见（哦，我的妈妈就常常教育我不要浪费）。这是因为你小时候无意中被洗脑了，你必须重新规划自己。如果你能做到这一点，你就有机会减少你的食物摄入量。如果你不能认识到这个问题并设法处理，你永远也解决不了这个问题。

当你吃一袋饼干的时候，其实并不是你饿了。

法则 049

盘点不健康的饮食规则

有些人很不幸，他们与食物的关系存在非常复杂和不健康的问题。许多人都有一些潜在的信念或态度扭曲了他们与食物的关系，而不是助力他们对这种关系的理解。基于人们与食物的关系，以下列出了一些更常见、更无益的模式。

我已经谈到了第一点，那就是你要把盘子里的食物吃个精光。其实，你不必像生活在20世纪50年代和60年代的人一样，从小就被教导必须吃完你盘子里的所有东西。在学校里，不吃完最后一口食物，我们是不许离开餐桌的。我五岁左右的时候，我的女校长会说："不要让我看到你的盘子里有一丁点儿剩饭剩菜。想想那些挨饿的孩子吧。"在那个年纪，我永远无法理解我把盘子里的东西都吃光了会对他们有什么帮助。留点东西给他们吃，难道不是更好吗？[1]

人类思维的运作方式很有趣。我小时候有很多规则，这些规则现在对我们大多数人来说都很适用，但不知怎么的，它们并没有深深扎根于我的心灵，比如，从不在两餐之间吃东西、从不在街上（或在车里）吃东西、饭前感到饿是件好事。据我观察，我

[1] 我现在明白了，她的意思是感恩，而不是怕洗碗麻烦。

并不是唯一一个对这些不受欢迎的规则视而不见的人。

这是另一个你可能听过的童年训诫：“不吃完主菜，就不能吃布丁。”在你的潜意识里，这句话的意思大致是：“甜食很美妙，除非你先吃完那些乏味的咸食，否则你是吃不到甜食的。”实际上，相信甜食比咸味食物好得多不利于健康，但如果你是在这种规则下长大的，就会发生这种情况。

这条训诫还有一个更广泛的含义：所有的饭菜都应该以甜食结尾。在你长大后，这可能是一个很难改掉的习惯，即总是想要吃一些含糖的东西。顺便说一句，我能找到的避免把这种习惯传给孩子的唯一方法是，除非有客人来访，否则根本不给他们吃任何布丁（除了水果）。

以下还有一个常见的、不健康的饮食规则，通常是由小学老师和家长共同推行的：用甜食或不健康的食物作为奖励或补偿，只因为你赢得了一场比赛，或者因为你跌倒摔伤了膝盖，或者因为你完成了作业、打扫了房间、遛了狗。这样过了18年，你变成了一个成年人，你会告诉自己：“我需要巧克力，因为我今天过得很糟糕。”“我应该得到一份犒劳，因为我很努力地做了那次演讲。”偶尔吃点不健康的食物并没有错，但当你把它和一种特定的行为联系在一起时，问题就来了。最好是完全随机的，或者与罕见事件（假期、圣诞节或旅行）联系在一起，如此，这种事就不会经常发生。

哦，但吃甜食的好事是经常发生的，也是被深深追捧的。这很伤脑筋，是吧？

偶尔吃点不健康的食物并没有错，但当你把它和一种特定的行为联系在一起时，问题就来了。

法则 050

短期的过度节食不如长期的微改变

如果你觉得自己太胖了，想做点什么，标准的反应是节食。这显而易见。如果你摄入更少的热量，你的身体将不得不燃烧它自己的热量，妙极啦！你的体重会下降。咄，这不是什么高深的道理。

世界上从不缺少可供选择的饮食方式。它们可能不叫低热量饮食，可能会以高蛋白饮食、低脂肪饮食、间歇性禁食或任何其他名称出现，但要点是摄入更少的能量，这样你就必须消耗自己的能量储备。其中一些很有意义，一些非常危险，而有些则介于两者之间。毕竟这是一个巨大的产业。

我要提出自己的问题了。为什么很少有人能成功减肥并保持体重呢？如果这就像摄入热量或消耗热量一样简单，那么，世界上的连续节食者不应该少得多吗？我们都知道，如果你减肥了，很快又恢复到每天吃 5 块巧克力的习惯，体重又会反弹。我们又不傻。虽然有些人可能会掉进这个陷阱，但绝大多数人都是真的在努力减肥。那么，发生什么了呢？

你们知道，我不是科学家，所以我不打算尝试研究技术细节。

然而，我确实了解到一些细节。例如，基因起着很大的作用，出于某种原因，男性通常比女性更容易减肥；[㊀] 当你节食时，你会重新训练你的整个新陈代谢。假设你的身高与活动水平对应的热量摄入量是每天 2000 卡路里。你将热量的摄入量减少到 1500 卡路里，直到你达到目标体重，然后开始每天摄入推荐的 2000 卡路里来保持目标体重。现在的研究表明，与你的预期相反，体重还会反弹。为什么？因为你已经重置了你的新陈代谢，每天消耗 1500 卡路里，所以推荐的热量摄入量（2000 卡路里）现在对于你来说太多了。

我想，任何读到这篇文章的科学家都会感到不满，因为这个新研究领域的研究过于简单化了。然而，我想说明的是，减肥很复杂。如果你把体重减到你想要的重量，然后吃符合你体重的东西就可以，那么这就简单多了。

我们从中得到的关键教训是，短期的过度节食很少奏效。如果你想要一个永久的效果，你需要做出永久的改变。不要进行短期的过度节食。相反，你要对你消费的东西做出可持续的改变，并对你可以维持一生的东西现实一点。你坚持的小幅度的改变可能会减慢减肥的速度，但更有可能持续下去。从在茶和咖啡中不加糖开始，或者只有在外出或有客人时才吃布丁（这比假装只要你活着就再也不会吃布丁要容易得多），或者在饿的时候不购物以避免美食对你的诱惑。你要慢慢地、可控地建立这些目标，要考虑长远，要持久。

如果你想要一个永久的效果，你需要做出永久的改变。

㊀ 这是多么不公平啊！

法则051

不要对糖上瘾

我知道，这条法则来得太迟了。至少对我们中的一些人来说是这样的。但是，越来越多的研究告诉我们，糖是一种令人上瘾的物质，就像可卡因一样。这是因为它对大脑有类似的影响，触发多巴胺的释放，给你一种快感。你吃的糖越多，你的大脑就越能适应高糖状态，所以，你的大脑希望你吃更多的糖来继续获得多巴胺的奖励。[⊖]更重要的是，每次你加强这种神经通路，你就会更坚定地建立起你吃糖的渴望。

我并不是假装说吃糖和吸食海洛因一样有害。但是，如果你是众多对糖上瘾的人中的一员，那么了解你为什么渴望吃糖是很有用的，这样可以帮助你找到更健康的方法。那是你可以有意识地掌控的世界，而不仅仅是你大脑化学物质的玩物。

顺便说一下，出于科学原因，精制糖（你购买的包装上标有“糖”“蜂蜜”或“枫糖浆”）比水果或牛奶等食物中的天然糖更有害，更容易让人上瘾。如果你更渴望巧克力饼干而不是猕猴桃，

⊖ 再次向所有真正的科学家道歉，因为我把科学的东西过于简单化了。

这就是原因。

所以，如果你想和食物建立一种健康的关系，你不会一时兴起想吃糖，而是在真正饿的时候才吃，那么你最好从自然中获取糖。这没什么不对。糖本身并不坏，只要你摄入适量，并且坚持主要吃天然糖，就更容易保持健康。如果你能每周吃一块蛋糕，并且不再渴望更多，那么祝你好运（闭嘴吧，不要吹牛啦）。如果这一块蛋糕总是导致你再吃三块或者将整个蛋糕吃完，那么不吃第一块蛋糕是有道理的。

你已经对糖上瘾了，你只想停止吃太多的糖。在这种情况下，你需要设计一个替代策略（或者几个可供选择的策略）来阻止你向欲望屈服。如果从一开始就不能每次都奏效，你也不要自责。你需要创建新的神经连接来覆盖当前的神经连接，这在一开始肯定是最难的。但坚持下去，一切都会变得更容易。记住，你并不是在试图打败糖本身，你是在试图控制你的大脑对糖的反应。

如果你真的饿了，最简单的方法就是吃一顿不含糖的饭，而不是甜食。在任何情况下，如果饥饿会促使你吃零食，那就避免在两餐之间太饿。如果你不需要吃东西，那就分散一下自己的注意力，比如散散步、洗个澡或给朋友打个电话。在你的脑海中准备好一些让你分心的事物，这样你就能在需要的时候找到一个适合你的事物。在可能的情况下，你要学会识别和避免明显的诱因，比如疲劳、压力和饿的时候购物。

你并不是在试图打败糖本身，
你是在试图控制你的大脑对糖的反应。

法则
052

食物不是坏东西

我有一个姑姑，如果你给她一块巧克力，她会说："哦，我真的不该吃。""天哪，真淘气！"我过去常常想（当然，出于礼貌，我没有说出口）："如果你认为你不该吃巧克力，那就不要吃。"不过她通常都会吃。我真的不知道为什么我要特别提到我的姑姑，因为她的做法是很常见的。我想，我和她在一起的时候就注意到了这一点，只是不理解她的言行不一。

听着，食物，包括甜食或高脂肪食物，没有好、坏或淘气之分。这只是食物而已，不涉及道德维度。如果你开始告诉自己，当你吃东西的时候，你是淘气的、有罪的或软弱的，那么你就是在给你和美食创造一个全新的、完全不必要的复杂关系。

吃不健康的食物并不代表你淘气，只是不健康而已。这是你的健康问题，你不会伤害任何人。你可能更喜欢避免去吃这些食物，如果你决定吃一块巧克力或甜甜圈，你可能会后悔。但这并不代表你就是坏人。在我的生活中，有很多次，我事后后悔自己坐公共汽车而不是坐火车、在别人把东西洒在厨房地板上之前拖地、不小心买了一本我已经有的书，[㊀] 但这些错误都没有让我觉得自己是个罪人。它们只是我经历过并试图从中吸取教训的东西。所以，如果有人给你一块巧克力，要么吃，要么不吃。但不要以此为借口责备自己。

这在很大程度上与我们使用的语言有关，包括我们在自己头脑中使用的词语。你不必大声说些什么来产生影响（参见法则014）。你不必考虑你在多大程度上理性地赞同这一切。如果你在谈到不健康食品时仍然使用“淘气”“不应该”“诱惑”“不允许”等词，那你内心深处就会相信事实真的如此。

所以，重新训练自己，不要从道德的角度去看待食物和你自己对食物的态度。吃完一整罐饼干可能是不明智的，尤其是如果你经常这样做，而且你的体重超标，但这就是问题所在。事后看来，出于理性的原因，你认为你不会再做这样的决定。

你要从理性的角度而不是情绪化的角度来看待你对食物的决定，如此，解开你与食物的纠结关系要容易得多。对一些人来说，这个过程可能需要数年时间，但如果你没认识到这个问题，并开始改变你使用的词汇和围绕食物的内心对话，那么这个过程就永远不会发生。

吃不健康的食物并不代表你淘气，只是不健康而已。

㊀ 令人惊讶的是，我经常这样做。

法则 053

不全是肥胖惹的祸

有些人看到这本书中关于饮食的一整个章节，可能会认为这一切都与你的体重有关。其实不是。即使你的体重良好，关于饮食的法则也很重要——事实上，即使你认为你的体重是正常的，情况也并不总是如此。你需要在饮食方面照顾好自己，减轻体重，以便尽可能地保持健康和充满能量。

仅仅根据食物对体重的影响来选择食物是一个坏主意。这本身就会成为一种不健康的饮食方式，它可能会妨碍你与食物之间的轻松关系。如果你一直过度分析，就无法解决这个问题。所以，看待事物的视角很重要。

对你来说，尽可能保持健康是很重要的，因为这会让你的余生更加美好。只要你的体重正常，那你就没必要汗流浃背地运动。对许多人来说，饮食上的压力实际上并不是为了维持正常体重，而是为了活得自信和舒适，千真万确！

对体重的担忧会取代对身材的担忧。如果你对自己的身材缺乏自信，把自己的身材问题归咎于体重，这可能比解决你无法改变的事情要容易得多（至少不需要花很多钱和做一些痛苦的手术）。你要告诉自己，如果你能再减掉一些体重，一切都会好起来，而不是承认这不会有任何区别，因为这不是真正的问题。

听我说，如果你不喜欢你现在的身材，再多的减肥、健身甚至手术都无法改变你的态度。因为问题在于你的头脑，而不是你的身材。

你一定认识很多这样的人，他们没有媒体所描绘的“完美”身材，但他们对自己的身材很满意，比如你自己的朋友、演员、流行歌星和残疾运动员。这取决于态度，而不是体重或饮食。

哦，我并不是说这很容易，但你至少要解决正确的问题。如果你对自己的身体不满意，那就解决“不满意”的部分，而不是整个身体。你要学会认识到，重要的是你的思维方式，而不是你的外表。

没有人会像你一样对你的身材感兴趣，包括你的伴侣或未来伴侣（如果他们真的在乎你的身材，那他们不值得拥有）。没有人注意到你的臀部形状很奇怪，或者你的膝盖有点疙瘩，或者你没有六块腹肌。这个世界上到处都是臀部滑稽的人和膝盖有疙瘩的人，他们仍然能够拥有朋友和爱人，所以这并不重要，不是吗？厘清你的态度，不要再为你的身体烦恼了。

重要的是你的思维方式，而不是你的外表。

法则 054

享受美食吧，适度就好

我知道，我刚刚讲述了几条饮食法则供你思考和消化，但我不希望你为此思来想去。你只需吸收和整合这些法则，然后继续前进。我知道，执行起来并不容易，但重要的是不要沉迷于美食。如果你对吃什么、吃多少、什么时候在哪里吃有任何问题，你能做得最糟糕的事情就是过度思考和过度分析。是的，你需要克服与食物建立健康关系的障碍。不要太较真，不要总是想着美食。

正如我之前提到的，那些与食物有着最健康关系的人通常是最健康的人，他们真的不会太担心吃的事（我在这里排除了那些在训练时有严格规定的专业运动员）。当他们饿的时候，他们通常会吃好吃的东西，也会吃一些零食，但不会太多。

饮食适度是至关重要的。如果你决定永远不吃巧克力、糖果、蛋糕或布丁，你几乎肯定是在自找麻烦。不管怎样，你为什么不可以时不时地吃这些美食呢？如果你感觉良好，体重也基本健康，那有什么问题呢？即使你超重了（我指的是真正的超重，而不仅仅是你以为的超重），也没有必要为自己设定无法实现的目标。我们已经确定，唯一有效的减肥方法是永久地、可持续地改变你的饮食习惯。所以，你得换一种生活方式，让你可以度过余生而不会痛苦。你可能需要一段时间来适应新的饮食方式（这种方法比一夜之间改变更有效），但如果最终的饮食方式包括再也不吃你最喜欢的食物，那你仍然是在自找麻烦。这是不可能发生的。

一旦某些食物被禁止食用，你和它们的关系就会变得更加复杂。如果我对你说“无论你做什么，都不要想那些小小的白白的北极熊”，你脑海中浮现的第一个画面是什么？同样，如果你告诉自己永远不要吃巧克力，你会一直想吃什么呢？

只要你不是每天吃 10 块巧克力，偶尔吃巧克力是不会有问题的。那么，为什么要永久地剥夺你的自我呢？其他你特别喜欢的食物也一样。美好的食物是令人愉快的，你没有理由不去享受美食。重要的是，如果你想和你的食物保持冷静和轻松的关系，你可以放松下来，吃你喜欢的东西，但要适度，因为这样更健康。

如果你告诉自己永远不要吃巧克力，
你会一直想吃什么呢？

第七章

学习

从你出生的那一天起，学习就不可避免。有些是本能的，有些是不管你喜欢与否都强加给你的。在别人期望或要求你学习的所有事情中，你很容易忽视单纯为了学习而学习的纯粹乐趣。

掌握一项技能（即使只是最基础的技能）或成为一门让你着迷的学科的专家会激励你，让你觉得自己有能力，自我感觉良好，这是真正快乐的源泉。因此，以不断学习新东西为目标来培养你的信心和乐趣是有意义的。

有时，这种情况不需要真正的尝试就会发生。我清楚地记得，当我离开家，发现没有人愿意为我做饭时，我学会了做饭。当我的第一个孩子出生时，我很快就学会了如何为人父母。所以，这不仅仅是报名参加课程或决定买一把吉他的问题。有时候，生活会给你带来太多的学习经验。但也会有一段时间，你会相对稳定下来，你知道此时你可以拿起画笔、专心学习铁路史、参加阅读小组或攻读在线学位。

这一次，重要的不是别人认为你应该学什么。只要你喜欢就行。

法则 055

选择你喜欢的课程

还记得在学校里被迫学习数学、历史、针线活或任何你讨厌的知识是多么痛苦吗？让自己集中注意力太难了，你本应该学习的内容要花很长时间才能被吸收，这让你很痛苦。

嗯，这次你是为你自己而学的，所以，你可以愉快地挥手告别地理或体育，选择一个你喜欢的科目。是的，任何科目都可以。如果你愿意，你可以去研究麦克白、磁学或牛轭湖。但同样，你也可以选择一些晦涩的、非学术的、深奥的、意想不到的知识去学。现在一切由你决定，怎么样都好。

你在学校的问题是，你对文学、拉丁语或艺术不感兴趣，或者至少对教授这些课程的方式不感兴趣。你可能喜欢擅长这个学科，但不喜欢实现这个目标的过程。这不仅意味着你不喜欢这些学科，还意味着你的大脑不愿意学习。

我有个朋友在学校的时候学法语很吃力，最后还是放弃了。几年后，她的生活把她带到了法国，她发现她还是想学习这门语言的。在很短的时间内，她就说得很流利了。同样的科目，但不同的学习方式和新发现的动力使一切都变得不同。

所以，这一次，你要确保置身于最佳的学习空间。第一点也是最重要的一点就是享受这个过程。这样做不仅能让你学得更快、更好，而且，实际上这一点很重要，就算你不学也没关系，你玩得开心就好。那么，如果你的水彩画从来没有好到可以赚钱的程度呢？你的时间没有浪费，因为你学到了比以前更多的东西，而且你玩得很开心。你还需要什么？

我知道，这对你来说似乎是显而易见的，但我很惊讶于有很多人选择学习他们并不真正喜欢的东西。问题是（仔细听我说），只有你能决定学什么。如果你的爸爸认为你应该重新学习你的DIY 技能，或者你的伴侣认为你应该学习西班牙语，或者你的朋友认为你应该和他们一起去上萨尔萨舞课，这都无关紧要。重要的是，你学习你想要学习的东西，你以你想要学习的方式学习，比如，听一门课、读一本书、参加一个在线课程、只是尝试一下错误等，你有你的主题、你的风格、你的生活。

如果你同意西班牙语很有用，或者你的老板想让你获得另一个资格证书，或者你必须学会训练你的狗，那么，这些都没问题，但这不是你为自己学习。你也需要时间去学习，只是因为你想学习。事实上，当你发现你不再享受学习时，你需要自由地停止（可能永远不会发生，但这是一个重要的原则）。

现在一切由你决定，怎么样都好。

法则 056

为享受生活寻找学习的动力

根据上一条法则，我们了解到：享受是最大也是最重要的动力，没有动力我们会很挣扎。对某些人来说，他们需要依仗某种类型的学习。人们学到的每一件事都能激励自己继续前进，提高自己或让自己更加善解人意。假设你从来都不擅长烹饪，现在你想学会制作美食。你可能会发现你在烹饪上的成功、你做的每一道美味的新菜都会鼓励你继续前进。

但是，如果你的蛋糕没有发起来，或者你做的咖喱寡淡，或者你的布丁没有凝固，或者你的糕点没烤熟，怎么办呢？一般来说，你越有动力，你就越有可能克服这些失望，继续前进，直到你每次都能把事情做好。这就是为什么你需要找到一种动力，让你超越最初迸发的理想主义热情——就是那种你想象自己赢得伦敦马拉松比赛，或者你的画作被展出，或者你实现了被授予教授职位的梦想。

对我们很多人来说，其他人是我们前进的动力。在小组中学习或由你尊敬的人一对一授课，意味着如果你感到沮丧，还有其他人可以支持你。如果这对你有效，那就值得探索与他人一起学习的选择。事实上，对一些人来说，这是一种动力；对你来说，它可能比你到底学了什么更重要。这很好。

然而，我们中的一些人更喜欢独自学习。无论你是学人类学还是学钢琴，你都可能想要自由地按自己的节奏进行学习。事实上，如果你是学人类学的，你可能很难找到任何其他愿意在任何时候加入你的人。所以，别人并不总是你保持动力的答案。

你能做的最实际的事情就是给自己设定现实的挑战。你可以在自己的计划中建立这样的预期：你会在某些时候比别人进步得慢，你会在前进的道路上犯错误。你应该享受生活，所以，不要把自己逼得太紧，以至于忘记了享受生活。你可能决定在三个月后你的伴侣生日的时候为他烤一个生日蛋糕。这里有足够的时间让你试错并嘲笑自己的错误，但同时，这也是你在三个月内退后一步观察自己学到了多少东西的一个机会。

也许你想明年夏天去国外度假，至少可以用当地的语言来进行基本的交流，比如买一张博物馆门票、点餐、问路。听着，这只是为了好玩，所以没必要对自己要求太高。如果你完成了挑战，那很好，但要记住，生活有时会阻碍你学习，进步可能比你希望的要慢。这里重要的是，你已经在某些时刻停下来，回顾你已经走了多远。

对我们很多人来说，其他人是我们前进的动力。

法则 057

你想在学习中展示什么

这条法则讲的是另一个潜在的动力来源，或者如果你没有遵守本条法则，你就会失去学习的动力。当我们正式学习的时候，我们通常会在自己的名字之前或之后加上一些资格认证或字母标志的头衔，或者一些对我们成就的官方认可。对于我们中的许多人来说，这一前景给了我们一个奋斗的目标。一旦我们紧握着证书或奖项，我们会感觉很棒，认为所有的努力都是值得的。

我不会对此事进行抨击，如果它能激励你学习，那肯定是件好事。不过，我们可以先剖析一下，这样我们就会对我们处理的事情了如指掌了。

你看，整个教育体系都在训练我们，让我们相信学习的目的是获得资格证书。但我们知道这不是真的，对吗？当我们离开学校时，资格证书当然会有帮助，但学习本身才是最重要的。毕竟，通过历史考试并不意味着你已经了解了历史。我的意思是，仍然有一些历史是你没有了解的。这些证书和成绩只是完全无知和绝对无所不知之间的随机中转站。是的，它们可能有一些实际用途，你可能会发现它们有激励作用，这很好，但它们本身并不是目的。你可以在校外停止学习你不喜欢的东西。

为证书而学的缺点是，你可能会变得执着于达到那个里程碑或资格。当你为毕业或工作而学习时，这可能很重要，但我们现在谈论的学习只是为了你，因为你想要这样做。如果你想学汽车机械师是为了满足自己的需要，那你有证书证明你完成了课程又有什么意义呢？如果你觉得没有必要达到那种能力水平呢？

如果你对那些课程所涵盖的理论内容不感兴趣，而只是想把头伸进汽车发动机盖下去捣鼓呢？如果你想继续学习呢？你是要一路学习到下一个级别的资格认证，还是觉得不必为此费心呢？

这里没有正确或错误的答案。你只需要确保你已经考虑过了。有些人想要一张证明他们跑过马拉松的证书。其他人只是喜欢跑步，对他们跑过的距离不感兴趣。也许他们可以一口气跑 26 英里（1 英里≈ 1.609 千米），但他们不知道，也不在乎。[1]

对你重要的是什么？你是想获得西班牙语的资格证书，还是只想在你拜访这个国家时能够交谈？考试的前景会激励你，还是会给你带来压力，让你失去学习的乐趣？你这么做是为了你自己，所以，你爱怎么做就怎么做。不要听别人的，但要记住，你可以随时改变主意。这不是一个你无法改变的固定决定。你想怎样就怎样！

学习本身才是最重要的。

[1] 谢谢，我知道马拉松全程不止 26 英里，但我不在乎。

法则 058

让你的学习多样化

学习新技能或获取知识的关键在于学习的多样化是令人兴奋的。你在锻炼你大脑的一个新部分，创造神经通路，扩展你的能力。因此，如果你陷入了一种老套的模式，你就不会得到那么多的好处。

假设你学会了冲浪。做得好！你如此喜欢冲浪，所以你决定接下来要学习风筝冲浪，然后是风帆冲浪……当然，如果你发现你喜欢这些运动，那就继续学习新的水上运动吧。你玩得很开心，这很好。

然而，当涉及学习的时候，不要想象如果你在其中加入一些不同的内容，比如钩针编织，你就会扩展你的思维。不要惊慌，如果你不想学钩针编织，那就不必学。记住，为自己学习就是做你想做的事，但不要陷入这样的陷阱，即认为在这个节骨眼上学习另一项水上运动的感受就像学习编织或编写计算机代码一样。当然，你可以自由地去做，但要注意，添加一种新的技能也会很好。如果你很忙，不一定选择马上学习；但不要因为你突然发现了一个很棒的滑翔伞课程就告诉自己你勾选了“学习新事物”。

我认识几个经常上夜校的人。他们从一门课程转到另一门课程，每门课程花几个月或一年的时间。如果这是他们喜欢的，那就不成问题。一般来说，社交方面对他们来说至少和特定课程一样重要，所以他们从其中获得了不止一个层面的乐趣。然而，值得记住的是，学习的多样化不仅与主题有关，还与学习方法有关。

你可以花几年的时间学习下棋，也可以在一个晚上学会做肉汁。我们已经确定，除非你想，否则你不必为了某种资格或能力竞赛而努力，你想花多长时间学习都可以。你不需要成为一名蓝带厨师。你可能只是想花点时间学习六种素食的做法。嗯，你可能会在一个下午的时间里努力学习一些东西，但记住，学习多样化可能意味着你可以花五年的时间学习一门语言，也可以花半个晚上的时间阅读关于字体设计的知识。让你的努力、时间、风格多样化，同时锻炼你的大脑和身体。

我们的目的不是完成一种学习，再开始新的学习。生活不是这样的。有些东西你永远不会停止学习，而另一些东西则变得无聊或无法有条不紊地组织起来。有时你会意识到自己的速度在不知不觉中下降了，还有一些事情你只能在特定的时间学习或练习。比如，当你在海边时，冲浪更容易学习。所以，你的目标不是一个接一个地学习一系列技能。你想要在各种各样的方式中不断提升自己，而这些方式彼此交织在一起。同时，你要确保总有事情要忙个不停。

你可以花几年的时间学习下棋，
也可以在一个晚上学会做肉汁。

法则 059

找到你擅长的学习方式

你知道，我们学习的方式不尽相同。当我在学校的时候，老师们似乎认为每个人都一边做笔记一边听别人讲几个小时才是最好的学习方式。他们从来没有教过我们如何有效地记笔记。他们似乎认为这是一种与生俱来的技能。

人类千差万别，学习的方式也千差万别。教师们对这一点的理解要比以前好得多（至少在英国是这样的），但总有进一步推进的空间。每个人都有自己擅长的学习方式。比如，有人擅长阅读单词，有人喜欢看图表，有人热衷于听或看，有人偏爱死记硬背，有人善用思维导图或记忆技巧来学习。如果你足够幸运，不管是谁在教你（中学、大学、工作中、夜校），他们都会帮助你找到最佳的学习方式，但你必须承担起理解自己思维方式的最终责任。

什么事情都可能发生，如果知识没有以最好的方式传达给你，那不是你的错。许多患有阅读障碍或运动障碍的人不能同时听和写，这是我在校时的老师永远无法理解的。实际上，即使能做到这一点的人也会以其他方式更有效地学习。那些有阅读障碍和运动障碍的学生通常表现优异，但前提是允许他们以自己的方式学习。

这些年来，我遇到了各种各样的学习方法，其中一些非常有创意。唯一重要的是它们能起作用。我认识一个孩子，他会在上下楼梯的时候念诵乘法表来学习乘法表，这比坐着不动念诵要好。我认识一个女子，她会在大型演讲前用手机录下所有的关键信息，然后在前一天晚上睡觉时回放给自己听。

我的另一个朋友喜欢用不同的口音说话，他会为了学习一个新的话题而转换口音，因为这有助于他在脑海中记住。比如，在学校学物理的时候，他会用苏格兰口音自言自语；在学电学的时候，他会用爱尔兰语；学原子结构的时候，他会用德语；学力和引力的时候，他会用威尔士语；等等。他发现，如果用这种方法把词汇和概念分开，回忆起来会容易得多。顺便说一声，我不推荐这种学习语言的方法。

说到这里，有些人只通过说就能更好地学习语言，而有些人除非理解语法，否则无法真正理解语言。我们中的一些人喜欢仔细地遵循食谱来学习烹饪，另一些人更喜欢做试验——这就是所谓的“现编现造”，但也没关系。

所以，无论你是在学习风帆冲浪还是了解新客户的底细，都要了解自己的想法，不要给自己设限。我们的目的是学习。如果你这样做了，那么你的方法一定是一个很好的方法，尽管也许在其他人看来这个方法很古怪。

你必须承担起理解自己思维方式的最终责任。

法则 060

亲力亲为

我认识一个人，她正在通过 Skype 学习吹风笛。实际上，她并没有真正的风笛。公平地说，她这样做并不是出于选择，因为很难看出这与她参照一套真正的风笛学习方法一样有效。这个极端的例子说明了一个基本法则，即当你亲自动手参与具体操作时，你会学得更好。

这条法则最适用于体育活动，以及很多学科的学习。小时候我很幸运地去了意大利，在学校学习罗马历史时，我亲眼看到了那些令人难以置信的废墟，使罗马历史变得栩栩如生，让我更容易学习和理解。

你参与的具体操作越多，就会学得越好。如果你真正想要的是躲在角落里看一本迷人的书，不在乎自己学得多快或多慢，你是可以这样做的。但我们大多数人发现，当我们学习时，沉浸其中更有趣，也更有效。

不言而喻的是，如果你想学习园艺、打篮球或吹风笛这样的技能，那么你应该花大量的时间亲自做这件事。但也许你正在研究你的家谱，或者对弦理论着迷。你几乎总能找到一些方法把这些主题带入生活，[㊀]通过做一些事情来加深你与主题之间的联系，而不是仅仅坐在电脑前查资料。在一次去阿姆斯特丹的旅行中，我被一个犹太教会堂深深打动了，我祖父的父母在 19 世纪还是孩子的时候曾在那里做过礼拜。这当然让我的家谱看起来更真实了。即使作为一个业余物理学家，你也可以走出家门去参观博物馆、听讲座和看展览。

如果你有拓展思维的冲动，但脑子里没有一个特定的新领域的专业知识，只是一种你需要新鲜刺激的笼统感觉，你可以看看自己在学习的过程中可以做出哪些选择。几年前，我当上了校董。我对教育系统了解不多，但我认为学习教育会很有趣。哦，我的感觉是对的。我学到了很多东西，并发现教育很迷人。

学校管理并不适合每个人，你也可以在当地的慈善机构做志愿者，或者加入业余戏剧协会。如果你不喜欢表演，总会有灯光或舞台管理等职位等着你。或者，你可以帮助管理当地的运动队，或者加入管弦乐队。[㊁]如果你不想交际，还有很多志愿者的工作供你选择，比如做账目、保存记录、维护网站或帮助组织幕后活动。

你几乎不会注意到你在这些角色中学到了多少，直到你退后一步想一想才会意识到你在刺激思维的同时愉快地扩展了你的知

㊀ 好吧，也许不是字面意义上的家谱。

㊁ 它们可能需要你有一件真实的乐器，而不仅仅是一套想象中的风笛。

识。记住：这条法则是专门为你制定的，所以，如果你发现你不喜欢它，或者你在喜欢了一段时间后开始厌倦，你可以停下来。你是生活法则玩家，所以，我知道你不会让任何人失望。那些组织希望志愿者岗位出现一些变动，所以，只要时机合适，你就会没事的。

你参与的具体操作越多，就会学得越好。

法则 061

享受出错，拥抱错误

犯错是好事。我们喜欢犯错，我们爱犯错。错误是我们学习的方式，也是我们下次改进的方式。犯错使我们的神经通路产生火花，从而找到更好的解决方案。据说，要从马上摔下来三次以上，才能骑得好。那不是因为你应该从马上摔下来。从马上摔下来肯定是你骑马时哪里出现了错误。为了学习，你必须这样做。

我很喜欢烹饪，但很少有人知道我做过千层酥皮（我知道这没什么意义，你可以在超市买到预先卷好的，我都不知道自己是怎么想的）。千层酥皮应该很难做，但对我来说还算容易。每次出炉的千层酥皮都轻盈、蓬松，像黄油一样。但每次制作时我都很担心，因为我知道制作过程相当棘手，我真不知道自己是怎么做对的。我记得，在做了几年之后（大约一年才做一次），有一次我把千层酥皮从烤箱里拿出来的时候，发现那玩意儿又重又湿。最终，我还是搞砸了！我就知道这很棘手！我寻找了我出错的原因，结果是千层酥皮在放入烤箱之前太热了（希望你对我的回答感兴趣），最后我终于摸索出了正确的烹饪方法。我不再觉得自己的成功纯属侥幸。我其实知道自己在做什么。有趣的是，从那时起，我就开始从超市买现成的东西了。也许我觉得挑战已经消失了。当我在开始之前就知道事情会顺利进行时，我就不会从将事情做好中找到满足感了。

大多数学校不鼓励犯错。大多数老板都不喜欢你做出错误的决定。他们都知道我们应该从错误中吸取教训，但实际上他们更希望我们不要在工作时间犯错误。但请稍等，现在你说了算。这是你的学习，为的是你自己，没有人在乎你的错误。所以，你想犯多少错都可以。每一个错误都会告诉你，如果你想要提高，你应该把重点放在哪里，这真的很有用。你应该认清这样的事实：这是你自己的事，不关别人的事。

无论你是认真地想获得一张资格证书，还是只是想尝试一项新技能，你都要关注事情的进展。你会犯错，但你的错误会告诉你：你是否把自己逼得太紧了，你是否因为事情太容易而不能集中注意力，你是否发现某个特定的领域很棘手，你是否发现早上做事效率更高，你是否发现和其他人一起做事更加快乐，你是否发现当有背景噪声时无法集中注意力，你是否发现你需要阅读一些信息，你是否发现你应该更有耐心（这是我的固定习惯之一）……你从错误中获得的价值越高，你就会越喜欢犯错。

所以，享受你的错误，拥抱你的错误，嘲笑你的错误。我还记得第一次试着和姐姐一起挂墙纸的场景，这是一个学习的过程，没有错误。前六次尝试真的很可笑。事实上，我还记得有很多人在嘲笑我们的表现有多糟糕。但我从中学到了很多（主要是我真的很喜欢粉刷我家的墙壁）。

享受你的错误，拥抱你的错误，嘲笑你的错误。

法则
062

学无止境，别放慢你的学习速度

当我年迈的姑姑因身患绝症住院时，她雇了一个菲律宾护士，她俩相处得很好。我记得姑姑去世前几周我去看她，她告诉了我她学习的所有关于菲律宾的趣事。如果你不学习，你就不是在生活，而在我看来，我的姑姑还活着。

学习不仅仅是学习，它是任何能以新的方式刺激你大脑的事情，比如接受一份新工作、掌握气候变化背后的事实、学习下棋、开垦你的第一个菜园。如果你从来没有做过这些事情，从来没有做过任何你以前没有做过的事情，那还有什么意义呢？众所周知，婴儿的学习速度非常快，在几个月或几年的时间里，他们就掌握了从动作到语言再到人际交往的一切技能。学习速度放慢的原因是，一旦你变老了，为了生存而要学的东西少了。但是，人类的大脑天生就会无限地学习，所以，不要浪费你的智慧。

一旦你离开学校，你要学习如何工作，更要钻研你工作的行业。如果你有孩子，你就学会了如何为人父母，或者在糟糕的日子里，你至少学会了如何避免做不好的事。我们都有过这样的经历。我们在生活中会学到很多知识和技能，从政治到机场导航，从突发坏消息到小火煮出完美的蛋。[一]

然而，为了经营自己的生活，你学得越多，需要学的就越少。总有一天，你每次都能煮出完美的蛋，而且你对机场导航了如指掌。坐下来歇着，无所事事的样子真诱人。但实际上，你在做一些真正的趣事来刺激你的大脑，让你保持年轻态，让你惊喜和兴奋。无论你是 30 岁还是 80 岁，如果学习机会没有向你走来，那就走出去寻找学习的机会。

你可以选择任何你喜欢的事物。这是多么令人兴奋啊！追溯你的家谱，参与环保运动，冲浪，训练自己成为一名地方法官，刺绣，成为一名顾问，研究俄罗斯历史。只要选择一些吸引你的事物，任何事物都可以，你可以把这些事物加入你的生活拼图。不要止步于此。一旦你掌握了一种技能，你就可以转向另一种技能。你不必疯狂地把所有的空闲时间都投入到学习中去——尽管这很好。你可能会承担一份令人着迷的志愿工作，或者一份新的带薪工作，坚持几年，直到你不想再继续学习。不过，如果你全身心地投入其中，你可能只需要几个星期就能掌握冲浪的窍门。[二]

㊀ 四分半钟就能搞定。

㊁ 再次说抱歉。

地球上有许多你无法想象的迷人事物，所以，即使你把自己限制在你个人喜欢的、负担得起的、管理得起的、适合你生活的东西上，你也不会耗尽自己。你没有借口或理由停止学习。

如果学习机会没有向你走来，
那就走出去寻找学习的机会。

法则 063

不要停止学习

生而为人，不学习任何新东西是不能度过此生的。老实说，不学习任何东西是很难度过人生的大多数日子的。学习很简单，你只需要读一份报纸或与朋友聊天，或者打开电视或使用社交媒体。你可能不觉得所有的东西都有用或有趣，但从历史到名人八卦，学习新东西的机会并不缺乏。即使你已经拥有了管理生活和工作的技能和知识，学习新事物的机会也会不断向你走来。

你不能关掉“学习的开关”。但你可以调低“学习的音量”。事实上，这是一项基本技能，因为如果你事无巨细、事必躬亲，你很快就会超负荷，无法正常工作。所以，我们都学会了过滤信息以便应对困难局面。问题是，完全屏蔽接收到的信息太容易了。在日常生活中，屏蔽信息不会干扰生活，但在更广泛的层面上，屏蔽信息不会滋养你的灵魂。学习是我们作为人类所做的事情，虽然你确实需要过滤掉糟粕，或者那些并非糟粕但你根本不感兴趣的事物，但同时接受新的学习机会是很重要的。这就是你成长的方式。

我问你一些问题：你最近一次上网搜索新闻故事的背景信息是什么时候？你最近一次悟出某个单词的意思是什么时候？你理解一直困扰你的东西是什么时候？我希望你能回答这些问题，因为你会对最近发生的事情记忆犹新。今天可能已经发生好几次了（当然不一定非得是互联网，你可以查阅一本书，或者问朋友）。

人类状况的好坏依赖于新的知识和学习。学习激励着我们，让我们确信自己正在发展和提高，并充分利用我们在地球上的时间。更重要的是，学习让我们保持开放的心态，阻止我们变得反动、偏执、故步自封。所以，如果你在照顾自己的心理和情绪健康，那么重要的是不要过滤掉所有的日常学习机会。如果你正处于人生的某个阶段，没有时间报名参加课程，也没有时间认真阅读和学习，那么，日常学习机会可能是你暂时拥有的全部。即使你已经有时间开垦你的第一个花园、参加夜校的平面设计课程，生活仍然给你无数的机会来滋养你的大脑，让你找到你感兴趣的事物和你不知道的事物。

所以，要养成思考的习惯。比如，“我想知道这是什么背景？”“这是真新闻还是假八卦？”“这个词是从哪里来的？”“我想看看这方面的统计数据”“为什么这个是这样的？”然后，寻找答案。有些可能会花你一些时间，有些可能会把你引入有趣的“兔子洞”，偶尔有一些可能会让你找到一个全新的兴趣和进入一个全新的研究领域。好好享受吧！

重要的是不要过滤掉所有的日常学习机会。

法则 064

深思和反省

本条法则很棒，它教会你去主动提问，学习新东西，了解更多关于你在一天中遇到的事情。随着时间的推移，你会变得思想开放、见多识广、有热忱、有趣味。结果，你会发现智慧生活更有价值和收获。

你也想在精神上和情感上得到更多的收获吗？在这种情况下，你必须把这个习惯延伸得更远一点，开始问一些关于你自己的问题，比如你的经历、你的行为、你的生活。“为什么我会有这种感觉？”“我为什么要那样做？”“我的态度与年轻时相比发生了什么变化？”

我们之前提到过，在建立你的韧性方面，自我意识是一个重要的因素。如果你养成了不管事情进展顺利与否都质疑自己的习惯，你会发现这个习惯也会满足你发展、成长和提高的需求。

我已经活了几十年了，当我回顾三四十年前的自己时，我几乎认不出自己了。我在很多方面都不一样了，但我对几乎所有这些都很满意。[一]我们一生都会发生巨大的变化，确保这些变化变得更好的方法就是意识到变化并加以控制。你应该不断问关于自己的问题，并确保自己得到了答案。

你可以问的最有帮助的问题是："我能从中学到什么？"当你遇到困难、遭受创伤或感觉自己处理得不好（或实际上处理得很好）时，问问自己发生了什么，下次你会做什么不同的事情，以及你想要重复做什么。

如果某件事让你感到愤怒、害怕、不安或担心（我们任何人都不喜欢的感觉），问问你自己下次如何才能不那么愤怒、害怕、不安和担心才是有意义的。否则，当这种感觉反复出现时，你不会感到惊讶。你可能不会在一夜之间改变你的反应，但多年之后你会发现你的应对能力比以前更好，甚至好得多。这同样适用于进展不顺利的情况。反思一下，当你为人父母、身在职场或和母亲说话的时候，你本可以做得不一样。

这不是什么高深的道理，我不明白为什么每个人都不能把它当作分内之事。每天晚上，当你上床睡觉的时候，或者在你每天上下班的路上，或者在你散步的时候，想想你对自己有什么了解。奇怪的是，大量不这样做的人，并没有在应对生活方面做得更好。我们都知道，有些人莫名其妙地在普通生活中苦苦挣扎，他们总是在同样的情况下处理不当，他们不明白的是如果自己一直做同样的事情，便会得到同样的结果。我希望你不要成为他们中的一员。

你应该不断问关于自己的问题。

[一] 我的家人可能会在某些情况下吹毛求疵，但那是他们的问题。

第八章

育儿

做父母的人很容易迷失在各种各样的活动、压力和日常忙碌之中，将很多时间都花在了处理微小的紧急事件上，或者试图掌握一切，也许还要兼顾工作或更广泛的家庭需求。在某种程度上，这是不可避免的，关注他人而不是自己会有很多收获，就像我们在法则 001 中看到的那样。

然而，如果你的内心是幸福的，你就能更有效地照顾你的家庭。把注意力集中在他们身上会有所帮助，但你可能做得过头了。育儿的过程应该是有收获的，但并不总是有趣的。有些时候这是一项非常艰难的工作，但总的来说，你应该能够为自己所做的感到满足。所以，你需要照顾好自己，享受你的生活，至少在好日子里是这样的，如此，你的孩子就能在一个放松的父母身边成长，享受在一起的亲子时光。

为了让你保持警觉，育儿的要求发生了巨大的变化：从与之一起度过不眠之夜的婴儿，到从不让你休息的蹒跚学步的孩子，到应付朋友和家庭作业的学龄孩子，再到经常对你大喊大叫的青少年，不知怎么，处于青春期的孩子似乎比处于婴儿时期的他们更脆弱。如果你有不止一个孩子，特别是如果你有一个蹒跚学步的孩子和一个青春期的孩子，这只会变得更加复杂和苛刻。因此，在这一切中找到属于自己的时间是一个挑战。不过没关系，下面这些法则可以帮到你。

法则 065

给沼泽排水，可能会陷入沼泽

当你陷入沼泽、你的脖子被鳄鱼咬住不放的时候，你可能忘了你是来给沼泽排水的。同样，当你的膝盖被尿布缠得难受的时候，你可能忘了你要穿纸尿裤有什么好处。尤其是当你几天、几个月甚至几年都没有好好睡觉，你有一堆没洗的衣服、没完成的作业及一些不切实际的要求的时候，这些通常会消耗你的时间和情绪。

你为什么还要选择当父母？即使这一切就是一个可怕的错误，你也从来没有拒绝为人父母，你为什么要这样做？每个人都在谈论有孩子的快乐，但有很多时候，我们很难找到这种快乐。在那些日子里，你只觉得自己是一个苦力，一个没有报酬的仆人，一个卑贱的人。在那些日子里，你真的不觉得自己是在为自己而做事，更像是在为别人而做事。

这可能很正常，但一点也不好玩。因此，尽可能多地从自己的角度思考问题的重点是什么，这真的很有帮助。你这样做的次数越多越好，但目标是每天至少一次。你要把时间适当地花在育儿的精彩部分，而不是辛苦的工作上。如果你幸运的话，这些时刻会自动到来。有时，这些时刻会频频光顾，并且又多又猛；有时这些时刻却十分罕见。真正有帮助的是当它们发生的时候，你能意识到它们，并有意识地告诉自己“这太棒了，这就是一切”。

你要积极主动地去面对美好的时光。如果那些快乐的时刻没有出现，那就自己去创造。即使每天只有五分钟，也要确保你花一些时间享受做父母的过程，并有意识地感激它。你要允许自己暂时不去洗衣服和做苦差事，让自己沉浸在当下。

你最喜欢育儿的哪一点？就我个人而言，我最喜欢的就是在睡前依偎在一起给他们讲故事。不幸的是，少年似乎不乐于听故事，但儿童喜欢听故事。无论你度过了怎样的一天，你都可以把所有的担忧或疲惫放在一边，提醒自己要这样做。不过，它不必非得是睡前读物——或者更好的是，除了讲故事时间，还可以是其他时间。关键是把其他一切都抛在脑后，只要活在当下（参见法则 039）。

每个孩子都不一样，每个年龄段的孩子也都不一样。对你和你的孩子来说，这可能是一次公园之旅，或者在厨房的桌子上画画，或者一起看一个最喜欢的电视节目（如果你的孩子还在看电视——现在看电视的人越来越少了）。我的小孩有的喜欢洗澡，有的讨厌洗澡，还有的喜欢洗澡但在洗澡结束后会大发脾气，这让育儿变得不那么有趣。如果你的孩子喜欢洗澡，你可以在洗澡时间反思做父母的乐趣。

随着孩子逐渐长大，你需要灵活应对，找些时间去做一些新的事情。最重要的是，你做得越多，就越能注意到你是多么享受生活的美好。一天中你想“哇！好可爱”的次数越多，你在洗尿布、解决争吵和收拾玩具时就越会感到快乐。

你做得越多，

就越能注意到你是多么享受生活的美好。

法则

066

为人父母也可以犯错

为人父母最心碎的事情可能是内疚，感觉自己搞砸了，意识到自己本应该处理得更好。在一天结束的时候，当孩子们上床睡觉的时候，你回顾你的一天，会很失望，因为你易怒，或者没有正确地听他们说话，或者忘记让他们穿外套，或者即使他们感觉不太好也让他们去上学。

我们都经历过，但这毫无意义。这只会让你感觉更糟，却不会让孩子们感觉好一点。当然，一些实际的回顾是很方便的（提醒自己：如果下雪了，建议穿件外套）[一]，但是，不足感、失败感、内疚感等消极的情绪对任何人都没有帮助。所以，扔掉消极情绪，专注于明天。

如果你能指出一位从未犯过错误的父亲或母亲，即使没有人

[一] 我确实犯过这个错误。当时，我们可以看到荒野上的雪，但是，当我带着堆雪人的承诺把孩子们塞进车里时，我们所在的地方仍然很温暖。结果是，积雪的荒原比从远处看上去要冷得多……

注意到，也请告诉我。祝你好运，我从来没有找到过。事实上，你能想象和完美无缺的父母一起长大有多痛苦吗？你会永远觉得自己是个不称职的孩子。你不会有和那些脾气暴躁、健忘、专横或偶尔缺乏幽默感的人在一起的经历，也不会有在犯错时如何道歉的榜样。这不是成年人生活的基础。你的孩子需要你有人情味，这样他们也能有人情味。

当你有这些自我怀疑的时候，有三件事可以帮助你。首先，把你觉得自己下次可以做得更好的事情记下来，作为一个实用的指南，而不是一个用来打击自己的情绪棒。例如，要认识到，如果你的孩子试图在你很忙的时候认真地和你说话，那是行不通的。所以，你要下定决心，下次发生这种情况时，要么停止你正在做的事情，要么让孩子等一等，直到你能给他们全部的注意力。这对未来是一个有用的备忘录，将今天的经历视为一个学习的机会，而不是苛责自己。

其次，提醒自己要考虑更大的愿景。你正在努力让他们安然无恙地长到 18 岁，并掌握他们开启未来生活所需的基本技能。就是这样。纵观这漫长的 18 年，你今天有点邋遢，或者你忘了买面包，或者你没有意识到下雪会很冷，这些真的有什么关系呢？这些都不足以让你难过。大多数时候，甚至没有人会记得这些事儿。他们会非常喜欢讲述爸爸带他们出去堆雪人时没穿外套的故事[1]。

最后，回顾你的一天，注意所有你做对的事情。孩子们有

---

[1] 哦，好吧，我承认，也没戴帽子、手套、围巾……

干净的衣服，每个人都喜欢遛狗，购物也完成了，午餐味道很好，洗澡的时间也很有趣。这些只是例子，但如果你在一天内处理了这么多事情，那么你做得真的很好。如果你要评估哪里有改进的空间，那么你也应该回顾一下你的成功。毕竟，这是很好的练习。

你的孩子需要你有人情味，
这样他们也能有人情味。

法则 067

做父母，多一点自知之明

从上一条法则开始，我们可以把一次性错误和所谓的“性格倾向”联系起来。任何人犯错都是可以原谅的，特别是如果你从中学到了东西，你就不太可能再犯同样的错误，或者至少你比没有进行“回顾和学习”时犯错更少。

作为父母，理解自己很重要，这样你也可以发现某些类型的行为正在成为一种习惯。如果你不喜欢这种行为，你需要分析该行为，以减少这种行为习惯，因为虽然你时不时地会犯错，但最终日子会一天天过去。如果你觉得自己的优点大于缺点，你会更舒服，所以，重要的是你需要这样去感觉，这样你就可以尽可能地放松，并享受育儿的乐趣。

给你举个例子，我知道一些父母，他们花了相当多的时间生气。不管什么原因，这都是他们天生的性格，但在育儿过程中，这种性格往往会显现出来。现在，在某种程度上，孩子们可以完全快乐地成长，接受妈妈可能会有点大喊大叫或者爸爸经常很粗鲁。显然，这可能会变成虐待，但我认识的这些父母不是这样的。

他们只是脾气暴躁。然而，如果你是那些父母中的一员，而你不想成为这样的父母，你首先必须认识到并承认这一点，然后再加以解决。你不会在一夜之间彻底改变，但你可以自己努力，也可以和你的伴侣、朋友或治疗师一起努力。你可以做很多事情来改变你的行为，避免一些诱因，但前提是你必须诚实地面对自己，认识到自己的行为。

我认识一些父母，他们明显倾向于分心，从不好好倾听，或者对孩子生闷气，或者批评他们，或者给他们施加压力，要求他们取得好成绩，或者过多地表扬他们，或者从不表扬他们，或者过度保护他们，或者控制他们。我们都会在某些时候做一些这样的事情。这是正常的。但是，如果你不喜欢你不太吸引人的习惯，注意这个习惯是改变这个习惯的第一步。听着，这不是要你变成另一个人。我们中的一些人总是更擅长给孩子们讲故事，而不是在汽车发动机盖下捣鼓东西，或者更适合和他们一起做运动，而不是下棋。没有人能做所有的事情，你的孩子们会接受这一点，并明白这意味着他们也不必在所有事情上都完美无缺。这是关于你的行为，而不是你的性格。如果你不喜欢自己有发脾气、批评或忽视孩子的倾向，你可以在这些方面努力改进。

像以前一样，也请你观察自己的好习惯。如果你总是很有耐心，那就认识到这一点，给自己一点鼓励。或者你对孩子很和蔼，或者你是一个好的倾听者，或者你很会笑，或者你很公正或始终如一……有自知之明意味着你也要理解自己积极的一面，并发现孩子们反对你想要改变的事情。

这是关于你的行为，而不是你的性格。

法则 069

对自己诚实一点

你可能已经注意到，作为父母，所有这些关于照顾自己的法则都包含了对自己诚实的元素。如果你只是在日复一日的工作中疲于奔命，你就很难享受这个过程。当你购物、上下班或洗衣服时，即使很忙，你也可以做一点反思和理性思考，这会让一切变得不同。如果你对自己的命运不满意，你需要改变你的现状。所以，很明显，你必须找出需要改变的点点滴滴。

有时候，你会非常清楚哪些部分行不通，你很容易识别并加以处理。很明显，就寝时间应该提前 15 分钟，或者一周购物两次比每两天购物一次效果更好。

然而，某些需要改变的事情会要求你诚实到令人不舒服的程度。也许你讨厌玩棋盘游戏，但你的孩子却喜欢，并且每天都要你和他们一起玩。你打算继续忍受下去吗？你会找到另一种选择吗？要么是另一种活动，要么是另一个人取代你来玩棋盘游戏？这很简单，也很容易解决，但承认你不喜欢和孩子一起玩并不总是那么容易。所以，你要诚实，你只需对自己坦诚，你不需要公开忏悔，你要承认你喜欢和你的孩子们一起玩，除了玩棋盘游戏。没关系，我们都经历过这种事儿。

这里有一个更难的问题。假设你有一个偏爱的孩子呢？很多父母不会偏心，但也有很多父母会这样。当然，不要向你的孩子承认这一点，但重要的是你要对自己诚实。如果你意识到这一点，隐藏事实就容易得多，因为这样你就可以监控你对孩子们的态度，从而确保你的偏心不会暴露出来。

你对某个孩子的偏爱往往比这个孩子本身更能反映你的育儿状态。有些父母偏爱某个孩子，因为那个孩子更容易相处，或者更需要帮助，而父母喜欢被需要的感觉，所以，想想为什么你最喜欢那个孩子。真不知道你是不是真的最爱那个孩子。平等地爱每个孩子，并不影响你更喜欢某一个孩子。你更喜欢他，因为你们常常一起出去玩。然而，刻意花时间和其他孩子在一起，有时可以恢复这种爱的平衡。看，如果你对自己不诚实，这些选择都是不可能的。

还有一种情况，那就是你在难以应对困难的时候，诚实是至关重要的。总有一些人或组织可以提供帮助，比如家人、朋友、网络团体、慈善机构等，但前提是你要请求帮助。不过，在你意识到自己需要此类支持之前，你不能太早地开口求助。所以，如果你在苦苦挣扎，请正视自己。如果你觉得很难寻求帮助，也要诚实地面对自己的需求。为什么很难呢？如果你不请求援助，会发生什么？你的选择是什么？

所有的父母都需要帮助，而不寻求帮助的是那些已经以某种方式获得帮助的父母。如果他们公司没有托儿所，或者没有朋友帮忙一起照顾孩子，或者没有家人住在附近，或者没有足够的钱请清洁工或保姆，他们也会请求帮助。

某些需要改变的事情会要求你诚实到令人不舒服的程度。

法则 070

家事多商量，家长多沟通

除非你是单亲家长，否则，你们夫妻二人都有责任分担家事。在某些家庭中，一切家务事都由某个人承担，负责挣钱养家的那个人不做太多照顾孩子的事儿。而某些家庭采取不一样的家务活儿分配方式：可能夫妻双方都挣钱，可能一个人做饭，另一个人洗衣服；可能一个人在工作日照顾孩子，另一个人在周末照顾孩子。任何安排都是可能的，只要每个人都对这种安排满意，所有安排都是好的。

但你对这样的安排满意吗？它对你有用吗？有时，这些共识是在第一个孩子出生之前达成的，在他出生之前，没有人真正知道有孩子是什么感觉。也许它对蹒跚学步的孩子很有效，但现在孩子们已经十几岁了，你们中的一个比另一个更辛苦。你可能还是很开心，也可能不开心。

我认识一对夫妇，他们达成的共识是：当他们有了孩子后，他们都要工作，但她会把她的工作安排在孩子们身边，并照顾他们。这是有道理的，因为他的工作强度大且报酬也高，而她的工作则不然。不幸的是，其中两个孩子的身体状况很严重，需要花很多时间来照料，所以，她不得不完全停止工作。最后，随着孩子们长大，她回去工作了。她开创了一份小事业，生意非常好，他减少了工作，但她也继续照顾孩子，因为在他看来那是事先说好的，她没有反驳。但这种安排从未考虑到他们所处的意外环境。

我讲这个故事的目的是鼓励父母互相沟通。孩子们在不断成长和变化，为人父母的要求也在不断变化。如果你有伴侣，或者确实有母亲、兄弟或朋友密切参与抚养你的孩子，你们必须像一个团队一样工作。优秀的团队善于沟通。

我的一对夫妻朋友遇到了一个巨大的问题，他们本应该进行更好的沟通，因为其中一个人最后疲惫不堪，忙得不可开交，而另一个人只是没有意识到他们的投入已经变得多么不平衡。但是，如果他们互相谈谈那些小毛病，或者对着彼此发发牢骚，那么他们的日常生活会变得更轻松、更顺利。不仅是一些实际的事情——“如果你只在周末洗衣服，到周五就没有干净的袜子给孩子们穿了”——还有一些情感上的问题。事实上，你觉得自己得到了一份最差的工作，抱怨社会不公平，或者你真的需要在周末给自己几个小时的时间喘口气，或者你发现其中一个孩子现在很难相处，或者你觉得自己因为不得不再做一盒学校午餐而要爆炸了。

如果你不告诉你的伴侣（或母亲、兄弟、朋友），他就不会知道你的感受，所以，不要让他伤心难过。我希望你就像在工作中一样，实事求是地提出你们愿意共同努力解决的问题。记住，你要积极回应。当你的伴侣向你求助时，你要建设性地倾听，并尽你最大的努力去帮助他。你们可以重新设定边界，重要的是要让对方接受新的安排，这并不总是容易的事，但如果没有建设性的改变，你们的沟通是没有价值的。

如果你不告诉你的伴侣（或母亲、兄弟、朋友），他就不会知道你的感受。

法则 071

要抚养孩子，也要抚慰伴侣

有时候，你很难熬到睡觉时间，更不用说晚睡了。但总有一天你作为父母的工作将会完成。哦，好吧，不会的。这是永远做不完的活儿。但是有一天，孩子离开了家，为人父母的工作就变成了一副空架子。房子里会剩下谁呢？只有你和你的伴侣。那会怎样呢？顺便说一下，无论你是单身还是有伴侣，在法则 087 中还有更多关于这一点的内容。

我希望这个想法能让你兴奋。我希望你能像有孩子之前那样，你们可以一起做所有你们都喜欢但现在没有时间做的事情。但要想成功，你需要的不仅仅是希望。你需要保持你们之间的联系、火花和一开始的爱。

太多的夫妻花了 18 年左右的时间埋头苦干，在专注于孩子的琐事中度过了每一天。这可能是一种艰难的磨炼，也可能是一种彻底的享受，有时两者兼而有之。然而，结果是，当孩子离开后，这对夫妇几乎不了解对方，也不记得他们为什么在一起。在过去的 18 年里，他们可能是非常默契的同事，组成了一个很棒的团队，但现在他们的联合育儿项目几乎完成了，他们再也找不到在一起的理由了。

有些夫妇努力补救，而另一些夫妇则觉得为时已晚。但是，即使你设法找回你以前拥有的东西又能怎样，如果你一开始就没有失去它，那就容易多了。事实上，如果你在养育孩子的同时，还能体验到另一个人走进房间时你心跳加速的感觉，那将是多么有趣的时光。

关于为什么你们需要彼此相爱的问题，还有另一个原因。你的孩子和你们在同一所房子里生活了 18 年，却没有注意到你们之间的关系。他们需要离家放飞的自由。当他们看到，你们没有他们也过得很好，甚至非常好，他们离开时就会感到更轻松。

最后，你和伴侣的关系比你和孩子的关系更重要，因为孩子也需要父母相爱的安全感。他们必须看到你们的关注点不仅仅在他们身上。我并不是说你应该多爱伴侣或少爱孩子，那是不可能的，也是没有必要的，但你的孩子最终会找到他自己的伴侣。对他们来说，伴侣比父母更重要，这是应该的。与此同时，你和你的伴侣可能还有几十年的时间可以一起度过，那些年越快乐，对每个人都越好。

所以，不要总想着下周或下个月你们就能在一起了，或者等你们的小儿子上学了，你就会着手改善你们的关系。拖延症是一个危险的敌人。你们要努力去沟通，花时间享受二人世界，让你们的性生活保持活力，即使不像以前那样激情奔放也没关系。你们要找到可以一起欢笑的事情，现在就去做。现在！

你和伴侣的关系比你和孩子的关系更重要。

法则 072

做健康父母，给孩子能量

为人父母有时会很有挑战性，如果你一开始就感觉自己的水平不高，那就更有挑战性了。作为父母，把孩子放在第一位，把他们的健康放在自己的健康之前，这是很自然的。在很多层面上，这就是当你有了孩子之后的操作方式。当然，我们都要经历咳嗽和鼻塞——我们还有什么其他办法呢？一般来说，抱怨是没有意义的，因为无论你费多大劲，一个蹒跚学步的孩子也不会关心你是否头痛或感觉不太舒服。你可能会从你 10 岁的孩子那里得到一点同情，但他们再长大几岁之后，又开始不在乎你的伤痛了，因为显然他们自己的问题比你的问题严重得多。

对于咳嗽和感冒，你无能为力，但作为父母，你要尽最大努力保持健康，这很重要。你可能没有时间每天早上给自己做一杯健康的鲜榨果汁，你可能不得不解雇你的私人教练、暂停铁人三项训练或减少你在瑜伽课上的时间。然而，人们很容易走向另一个极端。时间紧迫，可能更难找到远离孩子的时间，许多父母完全放弃了自己的幸福。

然而，孩子需要尽可能健康的父母，因为他们需要父母的能量。如果你没有能量，你拿什么供他们消耗？所以，即使你倾向于成为牺牲型的父母，你也要照顾好你自己，记住，为了你也为了他们。你可能有慢性健康问题需要处理，在这种情况下，我很同情你。作为父母，这一定是一个巨大的挑战。你不必成为世界上最健康的父母，只要你能尽量保持健康就行。

老实说，当你的孩子还小的时候，他们会让你保持健康的体魄，你也不需要额外花钱去健身。你要立马起身给他们拿东西，在他们掉下台阶之前跑过去接住他们，把他们从手推车、高脚椅和汽车座椅上抱进抱出。他们成了你们非常有效的健身工具。但这种影响最终会消退，你仍然需要确保自己保持适度的健康。

最重要的是，你需要合理饮食。这对你的身体健康至关重要，而且作为父母很容易忘记这一点。你不想在17:30吃东西，所以你决定在他们睡觉后再吃。但是，当时间到了，你又不想费力去搞吃的，所以，你就拿起一块奶酪、几块饼干或一些吐司，随便吃几口。一次还好，但很快就会成为习惯。所以，你要严格要求自己多吃新鲜蔬菜和其他对你有益的食物。这也是一个很好的榜样。

还有你的心理健康，天知道你的孩子需要你尽可能地保持情绪稳定。因此，你要遵循这本书中关于放松和弹性的所有法则，确保你处于与孩子们玩耍的最佳状态，在必要时鼓起勇气拒绝他们，并应对后果。每个人都有不同的经历，但我认识很多父母，他们会告诉你，当孩子的身体需求开始减少时，情感需求也在减少，为人父母就会变得更加艰难。当涉及情感需求时，蹒跚学步的孩子根本比不上青少年。

孩子需要尽可能健康的父母，因为他们需要父母的能量。如果你没有能量，你拿什么供他们消耗？

第九章

工作

当事情进展顺利时，工作可以是令人振奋的、充满活力的、令人兴奋的、充实的、刺激的。但事情并不总是这样的，对吧？有些工作可能是令人沮丧的、困难的、令人疲惫的，或者只是无聊的。如果你的余生过得不顺利，即使是最好的工作也会让你觉得很辛苦。

工作占据了我们大量的清醒时间，所以，如果我们想照顾好自己，我们需要确保我们以尽可能健康的方式工作。这里的“健康”包括我们的心理健康和身体健康。这不仅会让每周 40 多个小时的工作更享受、更轻松，还会在你不工作的其他时间里给你馈赠，提升你的总体幸福感。

有些人的工作时间很长，经常出差，电子邮件不分昼夜飞来飞去，周末还要工作，还要参加早餐会议，压力很大。这类高压力的工作对某些人来说非常有效，而对另一些人则完全无效。最重要的因素是你有多喜欢这份工作。如果整个疯狂的事情给你带来巨大的兴奋，你会处理得更好。此外，如果你能专注于你的工作而不受其他干扰，那就会有很大的不同。当你年轻而自由的时候，为工作而活貌似很容易；当你有家人时不时地想要见你的时候，为工作而活就困难多了。

如果你有这样的工作，而且你热爱这份工作，我就不阻止你了。然而，如果你对你的工作不满意，这份工作就会有害地影响你的健康，而且，一份你并不喜欢的高压力工作比每周几个小时的兼职工作要糟糕得多。所以，无论你做什么工作，工作多长时间，确保你投入的精力和你从中获得的快乐是相称的。我们不可能都拥有最令人兴奋的工作，本章法则可以确保的是，即使你的工作平淡无奇，你也能尽可能地保持快乐和健康。

法则 073

保持动力

如果你有一个好的理由，那么任何事情都会更有趣。足够的激励使任何事情都有价值。如果你的工作已经非常令人愉快，并且每天早上醒来时你都期待着它，那就太好了。然而，没有多少人能这么幸运，我们大多数人都有不想工作的时候。这甚至可能不是工作的错，而可能是因为你们的关系正在经历一段低谷期，或者你在担心钱，或者你的一个朋友病得很重。

不过话说回来，有些工作也会经历自己的困难时期——换了新老板，或者工作方式发生了变化，或者遇到了繁重累人的季节性订单高峰——这意味着我们要比以前付出更多的努力，回报却不那么明显。你会发现自己每天都在走过场，直到你可以回家休息。

如果这是你对工作的感觉，那么你已经失去了动力。也许这可以理解，但你需要做点什么，因为从长远来看，那些挫败感、无聊感或缺乏热情的感觉会开始困扰你。你的精神健康会受到影响，也许你的身体健康也会受到影响。

其中一个关键是要记住你为什么在做这份工作。这份工作的优点是什么？在金钱、事业和友谊方面，你从中得到了什么？关注长期利益，而不是眼前的任务。不要埋头于琐碎的事，抬头看看更大的前景。也许这个过程很无聊，但你周围的同事都是真正的朋友。或者，有钱的感觉棒极了。或者，这些时间与你的余生完美契合。或者，这是你在职业阶梯上需要迈出的一步。

如果你真的找不到一个值得做这份工作的理由，你甚至可能需要问自己为什么要做这份工作。如果不是因为钱，那么你可能不需要钱，或者可以从其他地方赚到钱。有时候你会失去长期的动力，因为，事实上，这份工作不再适合你。如果是这样的话，你应该认真考虑辞职，做点别的事情。哦，我不是建议你辞职，我是建议你考虑要不要辞职。想想这对你意味着什么，你还能做些什么。即将离职的伤感让你突然明白为什么你想留下来，这就是你的动力。

也许这份职业真的不适合你了。我的一个朋友从银行业转行成为一名教师，另一个朋友从企业营销转行成为一名治疗师，还有一个朋友离开出版业经营一家慈善机构。天呐，我这辈子也干过不少职业。我们所有人都跳槽了，因为，不管出于什么原因，我们不再觉得有动力留在原来的岗位了。

关注长期利益，而不是眼前的任务。

法则 074

不要不停地提高标准

本条法则适用于那些坚定的、奋发努力的完美主义者。在某些时候，在生活的某些领域，我们很多人都会这样。例如，我在工作时就是这样，但在做家务时就不这样了。你给自己设定了一个目标，然后，当你开始接近这个目标的时候，你就会提高标准，因为你是如此坚定、奋发努力、追求完美，你要不停地提高标准。如果你从不允许自己达到这个目标，你就永远无法真正获得成功。

无论是在工作中还是在其他地方，你的风险都是让自己失去动力，从而变得沮丧，甚至容易倦怠。考虑到你在工作上花费的时间，这有可能会让你相当沮丧，并从工作中榨干所有的乐趣。你永远没有机会坐下来享受你的成功，因为你还在继续努力。如果你完成了一个项目，你会把注意力集中在你想你可以做得更好的地方，而不是承认整体的成功。

即使你很难在自己身上认识到这一点，你也一定在其他人身上看到过，他们不断地把目标放得更远，以至于他们永远无法真正达标。打个比方，运动员们常常这样做。一旦他们意识到自己可以越过栏杆，或者 4 分钟跑完 1 英里（1 英里≈1.609 千米），他们马上就想再次提高标准。

我知道你能从挑战中得到真正的乐趣；也知道，如果你降低标准，你会很痛苦。对你来说，不断鞭策自己很重要。这一切都很好，只要能让你开心。但对太多人来说，这让他们不再快乐，而另一种选择（不在乎、不努力）会让他们更痛苦。

所以，这里有一个解决方案可以帮助那些完美主义者，他们可能会因为对自己的过度要求而精疲力竭或变得痛苦不堪。给自己定个规矩，永远不要提高标准。一旦你为自己设定了目标，就朝着这个目标努力。当你实现目标时，停下来并击鼓庆祝。停下来！停下来回顾一下你所取得的成就，为自己感到高兴；停下来细数自己的成功并祝贺自己。

嗯，一切都告一段落了吧？感到非常高兴？感觉成功在握？享受你的荣耀时刻了吗？很好，干得漂亮。这是你应得的。现在你可以给自己设定一个新的目标，然后重新朝着这个目标努力。很明显，从长远来看，这根本不会改变你所取得的成就。你还在变得更强大、更优秀。唯一不同的是你的态度。现在，你可以感受到成功，并有一个时刻，或者一个晚上，或者一个周末，或者任何合适的时间，你可以感受自己积极向上的情怀。

同样，如果你刚刚完成了一场非常成功的产品发布会，给自己一些时间坐下来享受这种感觉，并反思这一切进行得有多顺利、团队工作得有多好、客户的兴趣有多大。明天或下周有足够的时间来回顾是否有什么东西可供你学习，从而使下一次发布会更成功。现在，除非你也认识到这一点，否则你无法学会重复你做对的事情。如果你领导一个团队，他们需要听到你承认自己的成就。

给自己定个规矩，永远不要提高标准。

法则 075

可加班也可替班，但你得设限

如果你有一个同事，或者，实际上是你的母亲，或者一个朋友，总是高兴地做任何你要求他们做的事情，你就会不停地提要求，不是吗？我是说，你为什么不呢？你需要帮助，但他们似乎并不介意，所以，你当然会去看看他们是否能顶替你几分钟，或者看一下这份报告，或者代表你和老板谈谈。或者帮你买些东西，或者帮你照看孩子几分钟。

这是双向的。如果你同样乐于帮助别人，他们就更有可能向你求助。在某种程度上，这是可以的。问题是，他们不知道那个点在哪里，超过这个点就不行了。只有你自己知道。所以你也需要让他们知道，否则他们会要求你做一些不合适的事情。

这一点会不断变化。你今天可能很容易地给你的同事替个班，但明天可能就不会了。这位同事要怎么理解呢？我告诉你，他不是故意的，也不是有意的。如果你今天同意加班到很晚，你的老板会认为你下星期也愿意加班。是的，即使你蹩脚地说一声“就这一次”，这位老板也听不进去，这是人的本性。所以，你需要明确的基本规则，并且要严格遵守。是的，即使是在真的可以帮忙的时候也不要打破规矩，因为你不想开创先例。

当然，在你的能力范围内尽可能地帮助别人是很好的，你可以设立自己的界限。也许你只需要 30 分钟的午餐时间，而不是一整个小时；也许你真的很乐意偶尔加班，只要不迟于 18:00，或者只是在大型演讲、展览或活动前的几天。切勿一时冲动，冷静地设定你可以提供帮助的范围。

你要提前知道你会拒绝什么和答应什么。例如，你要在工作上坚持朝九晚五，或者在晚上或周末不查看电子邮件。你要坚持让你的年假完全脱离工作，完全不查看电子邮件，这绝对对你的心理健康有好处。另一条很好的法则是，你永远不要把工作带回家，否则这会给你带来意想不到的恶果。

我意识到，如果你在城里从事一份压力很大的工作，那么其中一些建议会显得荒谬至极。在这份工作中，人们认为你每天晚上都要工作到很晚，而且 24 小时随叫随到。坦率地说，我不赞成对任何工作的员工提出这么高的要求，但我知道，这种情况时有发生。尽管如此，还是会有一些同事比其他人更容易受到欺负，你需要确保自己不是他们中的一员。如果你喜欢这份工作，没关系。如果这让你不开心，你可能要和你的老板谈谈。如果你的老板不想让你离开或者把你的余生贡献给别的公司，你可能会想要和你的老板谈谈，看看怎么让你们双方都受益。

如果你今天同意加班到很晚，
你的老板会认为你下星期也愿意加班。

法则 076

家庭与工作要分开，不让坏情绪两头捣乱

上一条法则教你在工作中设定界限，主要是为了让其他人遵循。这条基本法则不仅适用于你，也适用于你的同事。你可以很容易地说服自己加班或给别人替个班，除非你也明白积少成多的道理，偶尔加班一次会逐渐变成一周加班一次，甚至更多。

有时候，工作之外的休息对你的健康是至关重要的。理想的情况下，你会拥有很多工作之外的时间，但并不是所有的工作都这么轻松，也不是所有的人都如此幸运。如果你想在早上上班的路上看一遍报纸，那也没问题。[1]如果你觉得有用的话，在家的时候回一两次电话也可以。但你必须确保这样一直对你有用。如果你在家很忙，或者当你收到一封令人沮丧或担忧的邮件时，你肯定不想养成一种时而感觉良好、时而压力倍增的习惯。

如果你在家工作，无论是长期工作还是偶尔工作，这条法

[1] 只要你不开车去上班就行。

则都是至关重要的。如果你在家经营自己的生意，你比任何人都需要遵循这条法则。如果你曾经打破过晚上不工作的法则，那就不敢保证没有第二次、第三次了，结果可能是三番五次地打破。许多年前，当我年轻且单身的时候，我可以在家里工作到凌晨2:00，没有人在乎，尤其是我。一旦我有了家庭，如果我整个晚上都在工作，这对我的家人来说是不公平的（正如我所指出的那样）。所以，我采取了18:00以后或周末不工作的法则。

因此，你需要根据自己的情况制定基本法则，并意识到这可能会发生变化。重要的是你要从工作中解脱出来，因为家庭与工作要分开，不让坏情绪两边捣乱，这样会更健康。如果你模糊了家庭和工作之间的界限，那就不好说了。

当工作一切顺利时，你可能真的很喜欢在业余时间继续沉浸在工作中（尽管你的家人可能不会）。但事情永远不会一帆风顺，模糊界限的问题不仅是你把文书工作或电子邮件带进了家庭生活，还带来了随之而来的烦恼、焦虑、恐惧和担忧。这些是你真正需要关掉的部分，虽然当工作出现重大问题时，这总是一个挑战，但如果不将家庭与工作分开，坏情绪两头捣乱，这只会更困难。

反过来也一样，如果家里的事情因为任何原因变得很糟糕，工作可以成为一种逃避，那你可以去工作，把家里的烦恼暂时抛到脑后。同样，只有当你已经养成了将两者分开的习惯时，这才有效。

家庭与工作要分开，不让坏情绪两边捣乱，
这样会更健康。

法则 077

你可以灵活上班、弹性工作

在英国和许多其他国家，要求灵活的工作安排变得越来越容易。雇主不必同意（他们需要具体的理由才能拒绝），但你有权利提出要求，实际上这也是企业文化问题。这意味着人们可以灵活工作，这通常也有利于雇主，因为它降低了成本，提高了生产率。

当然，弹性工作总是有可能的，任何人都可以提出要求，即使以前很难得到老板的同意。然而，既然这种情况正在增加，那么，你就有必要考虑一下传统的工作时间是否给你带来了压力。不管你的需求是安排协调方面的还是情感方面的，弹性工作是保持健康和快乐工作的好方法。

环境在变化，以前你不需要弹性工作，并不意味着它对现在的你没有帮助。不管是因为你找不到人在放学后照顾孩子，还是因为你更喜欢一个人工作，或者是因为你想偶尔享受一个长周末，这都无关紧要。只要你的雇主仍然能从你身上获得和以前一样多的价值（而不是更多），那么提出这样的建议是完全合理的。

所以，你要有创意。弹性不只是灵活使用时间的问题。当然，你可以要求提前开始和结束工作，或者在午餐时间工作且提前下班，但也有其他选择。这是关于在不损害公司利益的情况下什么对你有用的问题。我曾经有过一个老板，他让我缩短所有的午休时间以换取每隔三个星期休息一次的机会。我可以选择拒绝，但我还是选择抓住机会享受一个长周末。

你可能会要求坚持正常的工作时间，但在家里待几天，或者在不同的办公室工作。你甚至可以要求做兼职以获得按比例减少的薪水——这并不适合每个人，但这可能正是你现在所需要的。或者，你可以要求转换角色，以便更灵活地工作。例如，与面向客户的工作相比，后台工作可能会给你更多灵活工作的空间。

这一切都是为了让你尽可能地健康和快乐。如果你的工作妨碍了你的生活，你就需要做点什么。首先你要弄清楚自己的需求，然后向公司申请。显然，在某些职位上，在家或晚上工作是不现实的，但如果你的公司重视你，他们应该可以找到一种对你们双方都有利的安排，而不仅仅是对他们有利的工作模式。

记住，即使你在家工作，你也可以改变工作时间。如果你讨厌早起，也许可以调整你的工作时间，就像我曾经工作到凌晨2:00，现在总是在18:00结束工作一样。我认识一个人，她每周工作4天，而不是每天工作5天、每天8小时，她的雇主对此很满意。因此，你要灵活地考虑如何优化你的工作时间和地点以使每个人都受益。

你要有创意。弹性不只是灵活使用时间的问题。

法则 078

让你的思维和身体保持同步

你是那种一觉醒来就轰轰烈烈地开始一天工作的人吗？你会在起床前查看邮件，在洗澡的时候想着你的第一场会议，在出门的时候狼吞虎咽地吃一片吐司吗？我们很多人都这么做。我们几乎意识不到自己做了洗漱、穿衣、吃早餐的动作，因为我们的思维比我们的身体提前了一个小时。

这很容易做到，特别是当生活繁忙或工作紧张的时候。但你真的不是活在当下，对吧（参见法则 039）？你可能认为你每天工作 8 小时，但你可以在一天开始的时候再多工作一两个小时。而且这几个小时的工作效率也相当低。当你洗澡或刷牙的时候，实际上兼顾了多少工作？那封邮件真的很紧急，你不能等到 9:00 再回复吗？

当工作充满压力或挑战时，最重要的是不要这样做。在一天开始的时候，你没有给自己喘息的空间，没有时间放松和冷静，你甚至也没有取得多少成就。所以，让你的思维和身体保持同步。想想家里的事。专注于享受你的淋浴、你的早餐、你的伴侣或孩子。

你不必早起工作，我不是那种建议任何人早起的人。哦，我也不喜欢早起。所以，除非你想，否则你不需要改变你的日常习惯。关键在于你做某事的时候，你的思维在哪里。担心一天中还没有发生的事情不仅是徒劳的，而且对你的心理健康也有害。

理想情况下，你在到达公司之前不必想工作的事。毕竟，在你到达公司之前，老板是不会给你工资的，所以，你为什么要提前考虑工作内容呢？你可以在通勤地铁上读一本书，在车里听一段播客，在走路或骑车的时候享受一下美好的天气。我也承认，偶尔会有那么一天，你想要为一场重要的面试或演讲做心理准备，但那应该是极少数的情况。你要真正有效地利用时间，比如计划或排练，而不是担心和烦恼。

你还在为那封 9:00 才能回复的邮件发愁吗？嗯，没必要。首先，你不知道那封邮件的存在，因为你在上班前没有查看电子邮箱，切记！下面是保持身心同步的第二步：当你开始工作时，给自己一些时间进入工作状态。如果你能预测一天的议程，那就腾出 30 分钟或 1 小时为这一天做准备，先把紧急的事情处理掉。接下来，你就可以查看邮件了。

你要让你的同事知道，除非有紧急情况，否则你在 9:30 之前是没空的。如果你的工作开始得很准时，而你对此又无能为力，那就试着提前半小时上班，这样你就能平静地开始工作。哦，你可能得早起一点，对此我深表同情。但你知道吗，你会感觉好很多，我自己在一些工作上也不得不这样做，这还是值得的。

理想情况下，你在到达公司之前不必想工作的事。

法则 079

创造美好愉悦的工作环境

如果你喜欢你工作的空间，它会给你的心理健康产生很大的影响。这是你要久待的地方。除非你使用的是轮用办公桌，或者在一个共享空间工作（比如车间），否则，你至少应该对你的工作环境有一定的控制力。实际上，如果你一直在移动办公，那么，这个问题就不那么重要了。

如果你有自己的办公桌，那就享受一些属于自己的快乐吧。个性化！只要保持办公桌的整洁，就会有很大的不同。你可以在桌上放一两张你的全家福照片，或者一个你最爱的吉祥物。这就像是在标记地盘。人类最基本的本能引导我们装饰自己的办公桌，让它变得令人神往，也让我们体验到归属感，以及审美上的愉悦感。即使没有办公桌，你也可以自己整理一下员工室或其他共享区域，或者带上你最喜欢的照片放在轮用办公桌上，展示自己的风采。

能带给你健康和快乐的最好的东西就是生机勃勃的植物。有很多研究表明，与植物分享你的工作空间对你的健康有好处，植物能提高创造力和生产力、减轻压力、改善空气质量。这是你在考虑植物如何在视觉上照亮工作空间之前应该考虑的问题。哦，不是会积灰尘的塑料垃圾植物，必须是真正的植物。是的，你得给植物浇水。然而，许多室内植物很容易照料，而且对浇水频率的要求也相当宽容。问问周围的人或听取建议，确保你有精力照顾好你自己选择的植物。

如果你对自己的工作空间有足够的控制力，那么就退后一步，正确地审视它。这真的是放置办公桌的最佳位置吗？你希望在工作的时候能看到窗外吗？你能在文件柜的顶部腾出点空间放一株植物吗？墙上是否有空间挂一幅画——不是年度计划或工作证书，而是你真正喜欢看的一幅真实的画？

当你在家工作时，把周围的环境弄好是非常重要的。当你的办公桌被挤在楼梯下脏衣服和回收箱之间的空隙里时，你很难找到工作的动力。如果你把大部分时间花在这里，那么创造一个你真正喜欢的空间（无论多么紧凑）是一件非常重要的事情。你要确保你可以轻松地拿到所有东西，而不必移动衣服去拿，这样你的工作就会更顺畅，没有不必要的挫折。如果真的没有更好的地方放你的桌子，至少把要洗的衣服和可回收的东西重新安置一下。

如果可能的话，你可以拥有一个独立于房子其他部分的家庭工作空间——可以是在阁楼、车库、备用卧室或楼梯平台，但不是在你不工作时使用的房间里。记住，你需要在一天结束的时候和周末的时候停止工作（参见法则 076），可如果你的办公桌在厨房或客厅，这是很难做到的。即使是最小的橱柜加一把椅子，也可以成为一个非常合适的空间，这样美好的工作环境可以改变你一天的心情。

能带给你健康和快乐的最好的东西就是生机勃勃的植物。

法则 080

做个有条理的人

“时间管理”这个词让你感觉如何？有些人对自己做事有条理、有效率感到非常高兴，而这个短语却会让其他人感到恐惧、内疚和痛苦。我们每个人都是不一样的，没有天生的组织能力并不可耻。然而，如果你想在工作中照顾好自己，如果你想在每天结束时感到满意而不是疲惫不堪，这就是你实现愿望的关键。如果你的外部世界是平静和有序的，那么，你会更容易感到内心的平静和有序。

我知道我花了很多时间建议你活在当下，我坚持这一点，这是避免不必要的压力和担忧的真正捷径。然而，当涉及工作的实际情况时，它就不起作用了。如果你不提前计划、组织、安排，你就会把一整天的工作都花在“交火”上。两周前还不重要的任务现在变成了危机，因为你没有处理这些任务，任由其变得难以掌控。你将时间浪费在寻找不该做的事情上，或者为你还没做的事情向别人道歉上。你未处理的收件箱越来越大，给你发邮件的人感到沮丧，把气撒在你身上。常见吗？

其实这一点都不好玩，对吧？那你为什么要这样对自己？如果你在平常的日子里感到工作压力很大，那么，在真正忙碌而疯狂的日子里，你究竟该如何应对呢？听着，答案并不难找到。别盲目相信我的话。看看你周围那些有条理的人和那些没有条理的人，自己找出答案。

你变得有条理的最大障碍是，如果你是那种无法处理收件箱的人，那么想要掌控你的整个工作生活的想法貌似太令人生畏了。但稍等一下，这根本说不通呀！因为另一种选择是在接下来的工作生活中，每天都奔波着追赶自己，让自己压力重重、疲惫不堪。看看几十年来摆在你面前的一切……仔细品品吧！好吧，现在就比较一下，处理今天收件箱的前景如何？

听着，我们都能做到。是的，如果你不能很自然地掌控某事，那你一开始需要更多的努力，这对从学习骑自行车到理解代数的所有事情都是如此。这只是我们所有人都可以学习的另一件事，前提是我们认识到有必要这样做。有趣的是，在这个方面做得最好的人往往开始于最差的起点。我认识一些患有运动障碍和多动症等紊乱性疾病的人[1]，他们的大脑运作方式在组织方面是一个巨大的挑战，但他们却变成了最有条理的人。这是因为这个问题太严重了，如果不解决，他们几乎无法有效地保住一份工作。因此，他们别无选择，只能制定策略来提升组织能力，结果他们做得很出色。如果他们能做到，我们其他人也能做到。

---

[1] 我真的不喜欢“紊乱”这个词，因为患有这些疾病的人通常表现得很好，只是与世界上其他人的不适症状不同。然而，在本文中，它似乎是一个合适的词。

你没有时间去组织事情吗？别找借口。慢慢来。是的，这需要一点努力，但这是非常值得的。首先，每天留出半小时左右的时间来处理事情，并留出一些喘息的时间。然后，处理你的收件箱、下一周的日记、打理好你的办公桌等。你要每天用这半小时来处理好所有的事情：清理收件箱，整理办公桌，检查日记。很快，它就会成为习惯，你就会冷静下来，感到心旷神怡，对自己非常满意。

如果你想在每天结束时感到满意而不是疲惫不堪，这就是你实现愿望的关键。

法则 081

工作累了就起身走动走动

如果你不走动走动，不仅你的身体会僵硬，你的思想也会陷入停滞状态，其中一些可能是积极的“停滞”，但另一些可能充满了担忧、沮丧或压力。简单的运动——只要动一动身子——就可以让你的身体和思想从保持同一姿势的状态中解脱出来。所以，在一天中安排规律的活动时间对你的健康很重要。

如果你的工作是园林园丁、工厂领班或外科医生，运动可能是工作的一部分。至少在物理层面上是这样的。如果你整天都坐在办公桌前，那就需要多做运动了。所以，继续运动吧，每天都要锻炼。每 30 分钟站起来走动走动。你可能只是去上厕所、煮杯咖啡或复印一些不紧急的东西，这都是你可以四处走动的借口。这就够了。这只是一件小事，很容易被忘记，但它会对你一整天的工作产生很大的影响。

试着记录一下你现在做运动的频率。你会想当然地认为你每 30 分钟动一次，结果却发现有时你一连几个小时都没有离开你的椅子。你要养成每 30 分钟运动一次的习惯，这是一个很大的进步。记住，你必须运动足够多以弥补所有那些冗长会议让你失去的运动量。

如果你是一名园林园丁或外科医生，你仍然需要运动，你的思想需要运动和变化。身体上的运动可以是伸展一下身体，或者去花园、医院或任何对你有效的地方。思想上的运动可以是把你的思维转到别的事情上，并保持一会儿，[㊀]让你的大脑保持灵活。对我们所有人来说，保持身体的水分是很重要的，所以，即使只是停下来喝点水、环顾一下四周，哪怕只是一分钟也是值得的。

我明白，有时候这并没有什么帮助。作为一名作家，有时候我的写作状态很好，我最不想做的就是打断我的思路。当事情进展顺利的时候，这是很好的休息方法，尽管如果你达到了一个精神上的停顿点，最好还是暂停几分钟，伸展一下你的双腿。如果你正在为一项任务而挣扎，通常 5 分钟的休息会让你进入一种思维状态，当你回来时，你会突然发现僵局瓦解了，你又开始变得文思泉涌。

这就是每天午休很重要的原因。当我努力工作时，我可能只花 15 分钟站起来，去厨房，做一些食物，然后在我的办公桌上吃。但即便如此，这对我的身体和大脑都是一种改变。当然，如果你能抽出时间散步，那就更好了。中午有一个小时的休息时间是很美好的，但这并不总是可以实现的。在某些工作中，这几乎是不可能的。如果你真的抽不出一个小时的时间，那就争取每天至少 30 分钟的时间，如果可以的话，建议你出去走走，最好是在绿色空间，而不是在污染严重的道路上。随着时间的推移，这 30 分钟会让你变得更放松、更安静、更有效率。

这只是一件小事，很容易被忘记，
但它会对你一整天的工作产生很大的影响。

㊀ 外科医生请注意，不要在手术中这样做。

法则 082

假期是一种资源，悠着点造吧

如果你生病了（比如患上流感），你会请一天假，对吗？也许不止一天。你的老板会理解的，他自己也会这么做，你可以等到身体基本恢复后再回去。请病假的时候，你要照顾好自己。你可能会躺在床上，给自己准备一杯热蜂蜜水和柠檬饮料，或者准备一个热水袋。一旦你走上康复的道路，你可能会看一些电视节目，吃一些爽口的美食。㊀

那么，当你身体很好，但精神上或情感上很挣扎的时候，你会做什么呢？我猜你会不顾一切地去工作。就像患流感一样，你的工作状态不佳，需要比正常情况下更长的时间来恢复。你这样做是因为大家都认为，请假的唯一理由是身体不适。

唯一的例外就是丧假，比如你刚刚失去了一位亲人。然而，在这种心理危机与恢复后的“良好感觉”之间存在着巨大的落差。此时，你的身体健康方面也许没问题，但在情感方面，你需要时刻留心和努力应对。

㊀ 请给我一个半熟的鸡蛋，配上烤面包条。

硬挺着上班对你和你的雇主来说都没有任何意义。在一周内完成三天的出色工作，其效果远胜于用五天的时间三心二意地走过场。所以，如果你能好好照顾自己，当你真的很挣扎的时候，应该选择休息一天来恢复，就像你照顾自己生病的身体一样。

你需要一些基本法则。仅仅因为你感觉有点不正常就隔一天休息一次是不行的。就像身体疾病一样，你要确定短暂的休息会让你的长期工作更有效率，你才可以考虑休息一两天。我不是怂恿你在没心情工作的时候可以随意偷懒。[㊀]这是一种需要你谨慎而明智地使用的资源。然而，当你真的需要这种假期资源的时候，为了大家的利益，你可以偶尔为关注自己的心理健康而休息一两天，你不必为此感到内疚。

如果你幸运的话，你会遇到一个开明的老板，他会理解你的，或者你为自己干活，你就是老板。如果没那么幸运，你就需要诚实地告诉自己，是哪一点健康问题让你需要休息一天。我从不主张说谎，但隐瞒事实并不难。你可以说你感觉很不舒服，但不用说明是你的精神而不是你的身体需要一点照顾。

即使你的老板和你的一些同事没有意识到全面照顾自己的重要性，也并不意味着你必须盲目地遵循他们的方法。你是一个成年人，你可以负责任，你可以利用这种偶尔的精神压力释放来保持你和你的工作处于良好的状态。

为了大家的利益，你可以偶尔为关注自己的心理健康而休息一两天，你不必为此感到内疚。

㊀ 是的，说得好，反正你的生活不是我说了算，而是你说了算。

法则083

找个人诉诉苦

前面的法则对于那些精神压力超大的人和场合来说很重要，无论是来自工作的压力还是来自家庭的压力，都不可小觑。然而，有时候仅仅一两天并不能解决问题，或者你需要每隔几周就停下来休息一下。如果是这样的话，你就陷入了持续的健康问题，这是非常棘手的麻烦。如果你想要茁壮成长，就需要不同的处理方法。

也许你过去有过心理健康问题，或者也许你第一次有这种感觉。你可能会觉得自己的情绪莫名其妙地低落，或者你的烦恼很明显是由一些外部因素引起的，比如家庭担忧或工作压力。不管是什么原因，你发现自己无法像平时那样处理事情，而去工作只会让事情变得更糟。

你需要改变，但你无法独自改变，所以你得找个人谈谈。出于种种原因，我们常常不愿意这样做，我们中的一些人可能认为这是在承认自己的弱点，另一些人不知道如何表达，或者觉得说出来会让事情变得更真实，但他们还没准备好接受现实。然而，当你开始感到不知所措，无法独自应对时，你需要意识到，你迟早会别无选择，只能找人倾诉。所以，越早行动越有意义——你的处境越不牢靠，解决起来就越容易。

让我强调一下，如果你面对一个你无法改变的问题，比如离婚、丧亲之痛或经济困难，这并不重要，因为唯一需要改变的是你对这些糟心事儿的反应。事实可能不会改变，但这并不意味着你不能找到一种方法来更好地掌控局面。

好吧，那就找个人谈谈吧！就工作而言，理想的谈话对象是你的上司。他最有能力帮助你，他需要了解你为什么表现不正常，比如请假时间更长、工作表现不佳或对同事变得易怒。一旦他理解了，他就能帮助你减轻一些压力，或者同意灵活的工作安排，或者改变你交付任务的最后期限。你的上司希望你以最好的状态工作，而他个人并不关心你的事情。

当然，也许你的上司不平易近人，甚至他就是你的麻烦之一。但这并不意味着你没有人可以倾诉，你只需要找其他人。也许是你上司的上司，也许是人力资源总监，也许是同事，甚至是你工作之外的人，比如朋友、咨询师或治疗师。他们应该能够帮助你找到应对的方法，也许在适当的时候告诉你的上司。然而，除非你能在没有任何工作支持的情况下解决问题，否则，那些相关人士迟早会知道的。一旦他们知道了，这本身就会减轻你的负担。

你迟早会别无选择，只能找人倾诉。

法则 084

为团队着想

你不是一座孤岛，你周围人的行为方式会影响你的情绪。你必须经历过起起落落。比如，你曾成为一个快乐的、运作良好的团队、团体或班级的一员，反过来，你又曾成为一个令人沮丧甚至“有毒”的团队的一员。当然，集体的情绪和精神气质会对你自己的精神状态产生重大影响。所以，如果你希望你的工作是有回报的和积极的，无论你能做什么来培养一个快乐的团队，都将是一个很大的帮助。

你自己的行为通常会反映在你的身上，这适用于生活的各个方面。当然，偶尔也会有例外。有时候，有人会以粗鲁回应善意，或者以愤怒回应平静。总之，种瓜得瓜，种豆得豆。所以，如果你想成为一个友善的、团结的、鼓舞人心的团队中的一员，最好的方法就是展现出你自己的这些特质。

如果你是一个 20 人团队中的一员，而其他 19 人都是爱骂人的、两面三刀的、心胸狭窄的人，我承认，你可能会遇到一场艰难的斗争。然而，你不会喜欢这样的团队，你要绝对确定他们不会针锋相对地回击你的行为。坚持自己的立场并不容易，但如果每个人都被集体的消极思潮所侵袭，除非有足够多的人决定逆流而上，否则这种风气不会改变。

然而，更有可能的情况是，你所在的团队中，每个人都有正常的起起落落（好日子和坏日子），当压力来临时或某个主导者心情不好时，整个团队都可能受到影响。这是一个人真正开始发挥作用的地方——如果那个人就是你，那么，无论其他人是否加入，你都将从中受益。因为人们对你的态度会开始转变，甚至在你的情绪蔓延到团队其他成员之前，他们就对你另眼相待了。

如果你是老板，你可以带来巨大的改变。在小团队中也是如此。但即使在一个大团队中担任初级职位，你仍然可以让自己的个人工作体验更快乐、更积极。而且，在这个过程中，你也可以为其他人的一天加油打气。

你所要做的就是善良，有礼貌，勤说“请”和“谢谢”，笑口常开，问候你的同事并倾听他们的回答。你要认真对待他们。你要理解偶尔的人为错误，帮助别人，提供支持。这并不难。

你要适当地表达感激之情。不要只说“谢谢”，要具体一点。你可以说：“你真的帮了我大忙！你这么快就得出了数据，而且如此准确，一想到这里，我就惊叹不已。”有大量证据表明，表达感激之情会让双方都感觉良好。它会建立你的自尊，给你更多的目标感。它可以减轻压力，让你成为一个更好的管理者。所以，感谢你阅读这条法则，谢谢你真的在考虑如何更好地照顾你的同事。

你所要做的就是善良，
有礼貌，勤说“请”和“谢谢”，笑口常开。

第十章

退休

当你步入工作生涯的尾声时，你可能会感受到振奋、恐惧、担忧、兴奋、悲伤，也会体验到生活在改善，或者只是萌生一种解脱感。你很可能同时有这几种感觉，除此之外还有更多。这是一个巨大的里程碑，它标志着你生活中的一个巨大变化。很多事情将会非常不同，也会带给你一些好处和坏处。关键是要确保好处占据上风。

你的个人情况将是一个很大的因素，虽然你不能控制所有的情况，但你可以控制其中的一些。你是一个人住，还是有伴侣或家人在你身边？你会留在原地，还是打算搬家，甚至换个地方？你的财务安全吗？如果有必要，你是否可以通过裁员或搬迁来降低成本？

控制力是你退休成功与否的重要因素。如果你觉得自己身上有什么精神负担压得你喘不过气来，你可能会感到无力和脆弱。然而，如果你能将这种压力视为一个适合自己的机会，那么，拥抱压力并充分利用压力带来的动力会让事情变得更容易。

退休并不是一个单一的状态。未来可能还有几十年的退休生活在等着你，你一开始喜欢的、有能力做的事情不一定是你在 10 年、20 年甚至 30 年后想做的事情。你会改变，你的生活也会改变，就像现在一样。回头看看 20 年前的你，看到不同了吗？未来 20 年将带来同样多的变化。所以，当你步入退休时，不要觉得你被你所做的决定困住了。你当然没有被困住。这只是你生命中蜿蜒不息的河流中的另一个弯道。下面的法则将帮助你做好准备，即使离退休还有很多年，你也得未雨绸缪。所以，没有理由跳过本章内容。如果退休迫在眉睫，这些法则会帮助你沉浸其中并享受其中。

法则 085

现在未必是永远

你的退休即将来临，你会感觉一个巨大的转变正在逼近。你将离开你的工作场所、你的同事、你已经习惯了多年（也许是整个成年）的生活方式。不用每天上下班，不用每天早上穿上工作服，不用再清理爆满的收件箱，没有人需要紧急联系你，没有人想要你的意见、决定或判断。一切都会安静下来，在你的待办事项清单上，最紧迫的事情将是喝杯咖啡和阅读日报。

听起来很吓人，是吧？即使你不是特别喜欢你的工作，但你的余生悬而未决的感觉仍然令人生畏。是的，即使你计划在退休聚餐的第二天就开始环游世界，这仍然是一个未知的步骤，会让你感到不安。

我的一个朋友最近退休了，他原来管理着一个远远超过 1000 人的组织。每个人都尊敬他、钦佩他，需要他的认可、许可、决定或领导，然后，突然，他退休了，那些人都不再需要他了。他不再需要这个组织给予的权力，也不再为这个组织承担责任。他不再觉得自己是外界眼中的重要人物。即使他的内心已经接受了退休的事实，这一系列难以应对的复杂感情仍然会让他的内心五味杂陈。

我可以告诉你，这位特别的朋友做得很好。他天生乐观，专注于退休的好处。他养了一只狗，每天带着它散步很长时间。他对狗的重要性，就像他过去对公司里的每个人一样。他是遵守这条法则的典型案例。退休是你生命中的一件事，随之而来的一切是另一回事。退休当天和退休生活是两种完全不同的情况。

完全有可能，甚至很常见的情况是：退休当天你会伤心难过，接下来的退休生活却让你很享受。

从“工作”切换到“退休”可能会让你感到压力，而且是以你没有预料到的方式过渡的。所以，即使你不喜欢，也要期待意想不到的事情，并努力发现退休生活的乐趣。回想那些你从未意识到自己会错过的事情，以及那些让你惊喜的小奖励。观察自己做出的改变。这给了你一种超然的感觉，这将帮助你应对事情和剖析感受，从而更有效地处理你的感觉。

当你经历这段发现之旅时，永远不要忘记退休是一个单一事件，这些感觉不会永远持续下去。就像几十年的婚姻生活和你的婚礼当天是完全不同的，退休生活和你工作的最后一天也是完全不同的。你所经历的任何创伤都将是相对短暂的，你比以往任何时候都有更多的自由让你的生活成为你想要的样子。

回想那些你从未意识到自己会错过的事情，

以及那些让你惊喜的小奖励。

法则 086

你不必一退休就搞大动作

我们家的一位老朋友是一名校长。当他接任校长时，前任校长仍然住在附近，这让这位朋友的生活相当棘手。任何新上任的校长都会做出改变，但每当他这么做时，家长和学生就会向前任校长抱怨，而前任校长非但不会支持他的继任者，反而会同意抱怨者们的看法，认为这些改变是坏消息。因此，这位朋友决定，当他以后退休时，他将直接离开这个地区，这样他的存在就不会影响到他的继任者。

二十年后，他言出必行。他一退休就搬到了 150 英里（1 英里≈ 1.609 千米）以外的地方。这是一个巨大的生活变化。他不仅不再是任何人的老板，不再是当地社区受人尊敬的顶梁柱，而且他和他的妻子也不得不结交一批全新的朋友，并找到新的活动来填补闲暇时光。幸运的是，他以一种积极的心态去做这件事，结果很好。然而，这样做会给你的生活带来巨大的干扰，此外，离开工作、朋友和你所知道的一切是很艰难的。

所以，不要这么做，除非你想这么做。如果你喜欢一下子改变一切的想法，那很好。但是，有很多方法可以让你缓慢且温和地进入退休状态，而不是一蹴而就。当校长不是一份你可以轻松兼任的工作。你要么做全职校长，要么不当校长。但也有很多工作可以做兼职，你可以减少工作时间或减少责任，使变化来的缓慢一些。事实上，我们那位退休后搬到 150 英里外的朋友在一所学校对面买了一栋房子，并在那里兼职教了几年数学。我想，这对他重新成为学校大家庭中的一员有很大的帮助。

如果你不太喜欢退休的想法，那就不要把它当作退休。把退休想象成一份工作的改变，然后慢慢减少你的工作量，或者换另一份工作，可以是兼职的，前提是自愿的，但仍然保留了很多你喜欢的元素，比如在团队中工作、走出家门、例行公事或使用你拥有的技能。换句话说，就是你要找一些仍然感觉像是工作的事情，例如，在当地慈善商店做志愿者，每周在当地一家小公司工作几天，在当地学校听孩子们读书。

同样，即使你住在这里的原因是工作，这并不意味着你一退休就得搬走。一下子要应付的事情太多了，如果你想搬到离你的孩子更近的地方，或者你喜欢的某个乡村，你可以等上一两年再搬家。急什么呢？你现在拥有了世界上所有的时间，所以，以你觉得最舒服的速度去做吧。

你有这么多的选择，这很好。关键是，你要在退休之前认真考虑你想以什么样的方式退休。你是那种一退休就搞大动作的人，还是那种做事循序渐进的人？一旦你知道哪一种方法适合你，就很容易计划一个你喜欢的过渡期。

如果你不太喜欢退休的想法，那就不要把它当作退休。

法则 087

像孩子们一样飞翔

退休将是一个剧变，即使你分阶段进行，也会遭遇骤变。如果你突然退休，会迎来巨大的变化。晚婚晚育现象在增多，越来越多的人发现，父母退休的同时（至少在几年内），孩子也会离家放飞。这使任何其他形式的退休都像是儿戏。

请记住，就像你退休一样，孩子离家单飞是个单一事件，你不会永远保持相同的感觉。嗯，孩子离家也像是好几件事，先是一个孩子离家，然后另一个孩子离家……再来回折腾几次，最终，孩子们都放飞了，你也陷入了家里没孩子的连续状态。

就像你退休一样，孩子离家看起来像一个负面因素。事实上，我不会假装孩子离家没有任何负面影响，当然有消极作用。但就像退休一样，无论你是单身还是已婚，你都可以把孩子离家变成积极的事情。

当孩子们离开家去闯荡的时候，你差不多也停止了工作，这对你的生活来说是一个巨大的转变。然而，令人高兴的是，这两种方法的优点结合得很好，因为它们都给了你自由。到目前为止，你生活中两个最大的纽带可能是工作和孩子。现在这些纽带没了，你可以随心所欲了。真是解脱啊！那你接下来喜欢做什么呢？

如果你什么都不做，只是闷闷不乐地想孩子，以及工作给你的使命感，你可能会度过一段相当痛苦的时光。你可能最终会克服痛苦，但为什么要体验痛苦呢？如果你认为度过这个时期很困难，最好提前计划好如何应对困难。毕竟，你又不是这么多年来一直没想过这一刻终究要来临。

毫无疑问，我所见过的应对得最好的人是那些有计划的人。他们确保在退休时间到来的时候自己有事情可做。我记得有一个单身朋友，她踏上了一生难得的旅行。如此，她可以庆祝她新获得的自由，并分散她的注意力，让她既不用在退休事件发生前担心，也不用在最后时刻到来时闷闷不乐。不仅如此，她还在外出期间体验了一种剧变（积极的剧变），现在她已经习惯了没有工作可做和没有孩子相伴的日子。所以，回到家，看到空荡荡的房子和不一样的日常生活，她心里好受多了。她也明智地为自己的回归做了计划，她的日记里有很多东西可以帮助她重新安顿下来。

当然，这不一定是一次大冒险，但令人愉悦的休息貌似会带给你有益的体验。在一个安静的乡村小屋待上一周，或者和许久不见的朋友在一起，或者学习绘画，或者去静修，任何适合你的事情都可以。不管你是否这样做，确保你有足够的时间让自己忙碌，这样，你就可以像孩子们学习享受自立一样享受你的孤单余生了。

你又不是这么多年来一直没想过这一刻终究要来临。

法则 088

设定界限，给自己喘气的机会

我认识一位可爱的女士，她迫不及待地想要退休，因为她在苦苦挣扎，她的工作时间都是挤出来的。她的母亲体弱多病，所以她搬去母亲那里照顾母亲，虽然还不至于家里一天 24 小时都不能离人，但她的母亲在吃饭、就寝和购物方面都需要帮助。最重要的是，她有三个孩子，她的孩子的孩子都需要她照顾，因为她的孩子要去上班。所以，她要照顾她的母亲，还要照顾她的孙子孙女们，从这家到那家，忙得不亦乐乎，这也是她退休后如此宽慰的原因。

现在这个女人只能靠自己了，她最喜欢的就是照顾别人。然而，我们大多数人虽然也很喜欢孙子孙女，但更希望退休后能有一点时间来享受自己的自由。家里的其他人可能会把你的退休看作是一个机会，让你用你的时间做他们想做的事，而不是你想做的事。你希望他们给你一个喘口气的机会，你需要一个交接时期，你必须设定一个明确的界限，否则你可能会萌生被剥削的感觉。

大多数家人并没有想要剥削你。除非你明确设定界限，否则他们不会意识到他们已经越界了。为了做到这一点，你需要在自己的头脑中清楚地知道你的界限在哪里，并就此问题与其他人沟通。在你退休之前做这件事，因为这比以后试图解释为什么你要减少照顾孩子、照顾别人或帮别人购物的时间要容易得多。

所以，你的界限在哪里？这完全取决于你。如果你愿意，你可以切断与家人的所有联系，但作为生活法则玩家，我怀疑你是否会这么做，除非你的家人对你施暴。但关键是，这是你的时间，你是自由的（不必内疚），只要你乐意，给别人多少都可以。

也许最简单的办法是考虑一下你想如何度过你的空闲时间，然后再考虑如何满足你家人的愿望。如果你可以在漫长的假期中偶尔消失一下，你是否愿意为家人付出大量的时间？或者，你喜欢白天为家人忙碌，但晚上想要一个人待着？或者，你很乐意照顾孩子，但不想消耗精力长时间照顾婴儿和蹒跚学步的孩子？或者，在工作日帮助照顾父母，但在周末需要休息？这完全是你的选择，最好少做承诺，以后再多做一点，而不是反悔。

这是你的决定，你不需要向任何人解释。不要让他们给你压力。最难管理的人可能是那些没有尽到照顾父母责任的兄弟姐妹。他们会告诉你他们的生活比你忙得多，但那是他们的问题。我有几个朋友真的很乐意承担大部分工作，因为他们的兄弟姐妹生活在海外，他们知道这是不可避免的。当你知道他们做出了一些小小的牺牲，但他们完全可以做得更多时，你就会产生怨恨。这种共识需要双方的努力才能实现，尽管这可能很难，但不要试图证明你的立场，否则他们会让你处于不利地位。你只要重申自己的界限在哪里，并坚持到底就好。

你需要在自己的头脑中清楚地知道你的界限在哪里，并就此问题与其他人沟通。

法则 089

重新分配你们的家务事

如果你和伴侣住在一起，退休将对你们的关系产生很大的影响。我见过退休导致分裂甚至离婚的情况，也见过退休让夫妻关系更亲密的情况。确保后者的方法是夫妻一起考虑可能的后果，并制定一套新的基本法则。哦，记得要保持灵活，因为有些事情可能不会像你期望的那样发展。与所有良好的关系一样，沟通是必不可少的。

这些新的基本法则是什么呢？嗯，这取决于你，但我可以告诉你我观察到的经常需要改变的领域。也许最关键的一点是家里的劳动分工，如果你们中的一个有一段时间没有出去工作，这就更棘手了。

在我看来，最大的问题是，以前的所有工作都是公平分配的：一个人出去挣所有的钱，而另一个人承包家里的一切事务，比如洗衣、购物、清洁和做饭。在你们两个人之间，这是一个合理的方式，可以分担保持家庭平稳运转所需的努力。当这 50% 赚钱的工作量停止时，合乎逻辑的做法是将另外 50% 的工作量重新分配给待在家里的两名成员。如果这种情况没有发生，问题就会出现，因为你不能指望原来就待在家里的那个人像以前一样继续工作，这样双方的贡献就会突然变得不公平。事实就是如此。因此，如果你是退休的那个人，你必须认识到你将在家里承担新的责任。

然而，这是一个很大的“转折”，如果待在家里的那位认为自己刚刚得到了一个听命于自己的初级助理（退休的伴侣），那很可能会引起对方的怨恨。他退休前曾经管理一个部门，现在却被你呵斥为“不会做家务”，你叫他情何以堪。即使你愿意分担你的工作量，移交部分责任也不是件容易的事，但你必须完全移交责任，而不仅仅是分派任务。在你开始之前，你们之间就你们认为的工作分工达成一致，然后保持灵活，不断地进行评估。如果你知道你不能忍受别人在“你的”厨房里，或者如果你认为你分到的所有工作都无聊透顶，那么你需要诚实地说出来。

你们还需要在其他方面进行改变。比如，你们在一起的时间有多长？你们用这些时间做了什么？现在你们大部分时间都待在家里，你们各自需要多少隐私？你们可能需要创建自己的空间，或者也许只有一个人需要私人空间。你不必为每个人制定相同的法则，除非你想要，你懂的。

当你们几乎同时退休时，退休生活可能是最容易的。但是，只要你们双方努力保持一致，定期交换意见，并在遇到问题时提出异议，就完全有可能获得幸福和成功的退休后生活。不管你是不是退休的那个人，最重要的是要清楚地了解对方的观点。

他退休前曾经管理一个部门，现在却被你呵斥为“不会做家务”，你叫他情何以堪。

法则
090

你不能什么都不做

如果你在 65 岁左右退休，我会假设你非常健康和活跃。毕竟，直到昨天你还在外面工作。你仍然是同一个人，也许开始比以前更早感到疲倦，并为更轻松的生活做好准备，但本质上，退休的你和工作的你没有什么不同。

你还没准备好坐摇椅，在膝盖上铺一块毯子。既然你不必每天都去上班，你就会精力充沛，至少在你从离职的狂欢和停止工作的情绪冲击中恢复过来之后。你不能在接下来的几十年里盯着太空等死。你需要让自己有事可做，你要有热忱，并且做个有趣的人。

我希望你在退休前已经考虑过这个问题了。你可能有环游世界的宏伟计划，或者你想频繁地去打高尔夫球，或者你打算花很多时间和孙子孙女在一起。如果你不期待退休，其中一个原因可能是你还没有想过退休后有什么事情能吸引你。所以，在你退休之前，想点什么吧。[1]这是应对退休的关键之一，也是确保你以后享受退休生活的方式。

[1] 如果你能及时阅读这条法则的话。

你只需要为未来几年做一个计划，但没有必要为你的余生制定蓝图，因为你的退休生活充满了不可预见的曲折和转折。当然，你现在可以进行自我掌控，所以，如果你的计划没有像你希望的那样成功，你可以随时修改或放弃。然而，这个计划给了你一个重要的焦点，让你轻松应对退休过渡期，并帮助你尽可能地享受接下来的一切。谁知道呢！如果成功的话，你可能会快乐很多年。

如果你以前的工作压力很大，我猜想，你退休后最想做的就是待在家里看看报纸或看看电视。

但是，拜托，在你感到无聊之前，这种情况能持续多久呢？当然，最初一两个星期的变化可能挺受欢迎，也许这个变化有吸引力，也没有什么坏处。但在那之后，你需要做点什么。

我认识一位银行经理，他退休后在当地的蒸汽火车景点做志愿者——他从六岁起就想做这件事了。在我的熟人当中，有几个文人终于写出了他们梦寐以求的心灵之作；有一个女人退休后开始制作珠宝；有几个朋友真的很喜欢在慈善机构做志愿者，他们对做善事感到特别亲切；还有一两个朋友甚至在不经意间创办了企业，他们可以保持足够小的规模，这样就不会太吃力。还有一些人已经学会了画画、弹钢琴、说外语，或者到处旅行，或者成为小众领域的专家，或者建造美丽的花园，或者他们在岗的时候就在自己的专业领域为小企业提供建议了。看到了吗？你可以做任何事。玩得开心就好！

你需要让自己有事可做，你要有热忱，
并且做个有趣的人。

法则 091

优雅地老去

曾经有一段时间，在某些文化氛围中，老年人被视为本质上更具智慧且值得尊重的群体。如果你生活在西方，你常常会觉得，一旦你退休了，就没有人对你感兴趣了。问题是，现在时代发展得太快了，你的语言、兴趣、技术诀窍、音乐品位以及你对流行文化的总体把握都过时了。

这很令人沮丧，因为你仍然和同龄人一样有很多东西可以付出。有些人活到 90 岁，显然没有积累任何智慧，但大多数人会一边生活一边学习——生活法则玩家当然会继续学习——此外，你有很多有用的建议可以传授，只要有人愿意听。

可惜，没人愿意听。至少在西方文化中，人们不再仅仅因为年龄而受到尊重。从很多方面来说，这是一件好事，因为尊重应该通过努力赢得，年龄并不会自动赋予人们理智或智慧。更普遍的是，人们往往不会重视不请自来的建议。你主动给人建议，对方会认为你盛气凌人，甚至感觉你在批评他。他礼貌地点头微笑，然后却无视你的建议。所以，除非有人咨询你的意见，否则不要费心提供建议。

你要努力保持年轻，因为这样你才能与时俱进。不要惊慌，你不需要和你的孙子们分享音乐品位，或者学习街头俚语，或者掌握计算机编码。保持年轻不在于技能，而在于态度。只要你对周围的世界保持开放的心态和兴趣，你就会没事。当你看到年轻人做事的方式与“你那个时代”[㊀]不同时，不要对他们吹毛求疵。

你要找出事情发生变化的原因，并理解其中的逻辑。如果你给你的祖母或祖父提意见（除非他们像你希望的那样心胸宽广），请你三思而后行。人们可能不想要不请自来的建议，但他们总是会珍惜一个好的倾听者。适当地倾听年轻人的意见会帮助你自己保持年轻。

从 20 多岁开始，你越早开始采用这种方法越好。这是因为保持内心年轻的最好方法就是结交比你年轻得多的朋友。一定要花时间和所有与你同龄的可爱的朋友在一起，也要和比你小 20 岁、30 岁、40 岁的人出去玩。这包括和你自己家庭的年轻成员一起出去玩，但远不止于此。吸引人的是你的观点和态度，而不是你的实际年龄（即使你有不同的观点也没关系），所以，你要以一种开放的、感兴趣的和接受的方式去吸引所有年龄段的朋友。更不用说，随着你的年龄增长和朋友的不幸去世，仍然会有其他人支持你、挑战你、吸引你。而且，谁知道呢，他们甚至可能会向你征求意见。

大多数人会一边生活一边学习——

生活法则玩家当然会继续学习。

㊀ 我在这里用了引号，因为我不喜欢这种说法。每天都是你的时代、我的时代、每个人的时代。当你说“你那个时代”时，你接受了你与“我那个时代”无关的事实，你为什么要这样做？当然，除非你用引号来表示讽刺意味。

法则 092

学会接受帮助

当你退休时，你很容易对自己保持独立的能力感到敏感。你可能只有六七十岁，但你担心人们会认为你老态龙钟。所以，任何关于你需要帮助的建议都会让人觉得你在任何方面都无能。然而，如果你在年轻的时候曾经帮助过一个老人搬运重物、上楼或下载一个应用程序，你就会知道，你并没有把他们看作完全无助、无能和无用的人。你把他们看作是在某项任务上需要一些实际帮助的人。就是这样。

我说的就是你，你懂的。可能是你觉得自己无能和无用。你并不喜欢这样。你当然不知道，但答案不是拒绝所有的帮助。答案是要想清楚并认识到我们在某些方面比其他人更擅长，而这些方面在我们的一生中会发生变化。我们中的大多数人在蹒跚学步的时候需要别人的帮助才能爬上楼，在怀孕或摔断了一条腿的时候需要别人的帮助才能搬重物。我们在任何年龄都需要别人的帮助，这样才能掌握新技术。想想所有你不再需要帮助的事情，比如和陌生人说话（这对我们大多数人来说曾经很难）、开车或做一顿丰盛的家庭大餐。

有些事情你现在比以前做得更好了，有些事情你可以帮别人的忙。是的，有很多事情是你更擅长的，所以想想它们是什么，把它们与你不擅长的事情相比较。随着年龄的增长，我们可以在很多方面有所进步，比如填字游戏、保持好脾气、了解蔬菜种植、足球或政治、不紧张、烹饪、交朋友……去吧，接下来的交给你了。

随着年龄的增长，步入七八十岁，这两份清单都会变长。你会在更多的事情上需要帮助，但你仍然会在其他方面有所改进。所以，你不妨从现在开始变得更善于寻求帮助，更善于表达感激之情，这本身就是一种技能。要真诚，让对方真正理解他们的帮助对你意味着什么。这可能只需要几句愉快的话，但这是一件值得去做的事情，现在你将有机会练习和完善这几句话，并为年轻一代树立一个有用的榜样——他们迟早会像你一样。

记住，帮助别人会让你自我感觉良好。[㊀]所以，如果你让别人帮助你，你是在让他们觉得自己很高尚。从某种意义上说，这意味着你在帮助他们。所以通过接受帮助，你实际上是在提供帮助。想想看，你接受的帮助越多，你对人类幸福的贡献就越大。谢谢，你真是太好了！

我们在某些方面比其他人更擅长，
而这些方面在我们的一生中会发生变化。

㊀ 如果你感兴趣的话，阅读一下《破茧：认知的深度突围》之法则 034。

法则 093

跟你的医生聊聊天

每个人都害怕自己的身体会变老。不能在楼梯上跑上跑下了，在乡间散步时不能在大门上跳来跳去了，不能保持很棒的视力或完美的听力了。在 60 多岁的时候，你可能还能做到其中一些，但最终你会完全无能为力。只需要膝盖关节炎、耳鸣或糖尿病，就能让很多人早早地力不从心。

当然，这并不意味着你不能继续享受生活。事实上，我们中的一些人可能会感激自己摆脱了跑马拉松或爬山的压力（无论如何，质量比数量更重要）。我们大多数人都很容易找到一些方法来保持活跃，而不管随着年龄的增长而带来的疼痛和痛苦。

虽然会有疼痛和痛苦，如果你让它们破坏了你对生活的享受，你还不如现在就放弃，因为它们不会自行消失，这是不可避免的。有些人比其他人幸运，但最终，衰老的身体会显示出磨损和撕裂的迹象。你所认识的那些没有抱怨的老人，现在仍然有这种感觉。他们只是找到了一种方法，不去关注痛苦，也不让痛苦打击他们的信心。

记住语言的重要性：如果你习惯性地用“疼痛”来指代身体的“不适”，你会感到更加痛苦。如果你说你在“苦苦挣扎”，而不是说你感觉“不错”，你会感到更加悲观。你的大脑正在倾听，并会从你谈论健康的方式中获取线索。关键在于你要接受现实并保持积极的态度。这是你唯一能做的。

然而，这并不意味着你应该忽略所有这些症状。监控它们，用实际的眼光观察它们，尽你所能来缓解它们，只是不要在情感上纠缠于日常的不适。你已经到了这个年纪，患有严重疾病的概率开始增加，你需要保持对事情的控制。这意味着你要更好地熟悉你的全科医生的手术。你不必每隔五分钟就冲过去处理每一件小事，请不要这样做！但你确实需要再次检查任何看起来有潜在危险的事情。你现在忽视危险的风险比过去要高。

有些人总是有点担心自己的健康，而且已经在担心了。但我们很多人很少去看医生，只有在迫切需要的时候才去看；或者，我们认为自己很健康，不需要体检；或者，我们担心不得不讨论一些可能令人尴尬的事情。是的，我们都不想讨论身体机能，也不想和医生谈论这个话题，但如果你提前告诉医生你经常在夜里小便，总比以后进行必要的对话和干预去处理晚期前列腺癌要容易得多。你的全科医生理解并会帮助你找到合适的病症描述语，他们一直在处理病人的尴尬。

即使你喜欢谈论自己的病症，也要抵制这样的感觉：你不想麻烦医生；或者，你不想知道这病是否严重或要不要紧，因为到目前为止你一直很健康；或者，你不需要医生给你提供的检查。

你要想清楚，忽视你的症状有什么后果（对你和你的家人来说），你只需要预约一下就可以。如果结果是一切正常，你又没失去什么呀！

不要在情感上纠缠于日常的不适。

法则 094

说出你的想法

没有人愿意去想自己的死亡，但不管人们愿不愿意，总有一天死亡会发生。之后发生的事不是你的问题，你也不希望你的死亡成为别人的问题。然而，如果你没有做任何准备，你就是在默认情况下给你所爱的人制造麻烦。解决这个问题最简单的方法就是在死亡来临之前做好计划。这仍然让人觉得有点毛骨悚然，但比起离世，这要容易管理得多。如果你的离世很突然，怎么办？

所以，让自己做点什么，然后你就可以把死亡话题抛到脑后了。如果情况改变了，或者你改变了主意，你可以随时修改。但这是可选项——如果你不想考虑，你就不必考虑。我的祖母在她的遗嘱中留下了遗言，她要把自己葬在她长大的那个城镇的教堂墓地里。这让全家人感到惊讶，直到她的妹妹提到最近一次在她们童年居住的小镇度假时我的祖母对她说："你知道吗，我过去一直想被葬在这里。现在我想不出比这更可怕的了。"如果你在意自己的葬礼安排，一定要让别人知道。

立一份遗嘱吧，否则每个人的生活都将变得更加艰难，如果你是生活法则玩家，这不是你想要的结果。记住，人们会认为他们继承你财产的份额等于你对他们的爱的分量。你可能认为你的女儿比你的儿子更需要钱，但如果你给你的女儿超过一半的钱，你的儿子会认为你不爱他。如果你有一个非常强烈的理由去做这件事，你需要先和每个人谈谈，确保他们都能理解你。

你最好尽量让事情变得简单。你要确保在关键时刻带给别人最大的便利。没有操纵或玩游戏，只有一个受益人，或平均分配遗产（除非遗产的数额是奇数的）。我知道，如果涉及重组家庭、同父异母的兄弟姐妹和再婚，事情并不总是那么简单，但总要力求简单和公平。这也让起草遗嘱变得容易得多。

你需要考虑的不仅仅是你的意愿。当我们死后，我们的家人将被各种各样的事情所困扰，所以，你要确保有人知道在哪里可以找到所有重要的文件，包括你的密码。让他们知道在哪里可以找到包含你的出生证明、国家保险号码、医疗卡、人寿保险详情的盒子或文件……所有的东西。我有个朋友用假名开了一个建房互助会账户（那时候还可以这么做）。他突然去世了，他的妻子没有办法获得这笔钱，因为她除了一张塑料卡之外没有任何详细信息。她不知道密码，所以无法使用这张卡。而且，她无法证明她的丈夫和另一个名字的账户之间的联系。幸运的是，账户里没有太多的钱，因为她别无选择，只能把卡注销掉。

所以，想想那些你在乎的人，当你离开的时候，尽可能地让事情变得简单。即便没有不必要的问题，这也够难的了。都搞定了？好，现在去享受你的退休生活吧！

让自己做点什么，

然后你就可以把死亡话题抛到脑后了。

第十一章

挑战

生活有好有坏，人生有起有落，你在浅滩上颠簸，然后偶尔会有浪潮袭来。其中的一些浪潮可能是美妙的，比如坠入爱河、获得一笔巨大的意外之财、找到你梦想中的工作；其中一些可能是毁灭性的，比如没有考上大学、你的伴侣离开你、流产、遇到改变生活的事故、你爱的人去世。

当这些“海啸”把你击倒，把你拖离航线数英里（1 英里≈1.609 千米），把你丢在荒地上时，你怎么找到回家的路呢？在经历了这种可怕的事情之后，你如何才能回到正轨，而不摔倒、不崩溃、不与你在乎的人闹翻？

本章的法则旨在帮助你在生活中遇到真正重大的、潜在的毁灭性事件时渡过难关。这些重大事件需要大量的情感储备，你要确保你以最有效的方式使用这些情感能量。这些事件（或者其中一些）有可能永远改变你，你想要确定你最终会更强大、更聪明地渡过难关。当然，你也能更好地应对下一波浪潮。

你会挺过去的。看看你周围的人，看看其他人是如何应对的。可悲的是，生活并没有让很多人完全摆脱困境。你可能永远无法克服困难，但你可以挺过来，并继续茁壮成长。下面这些法则将帮助你找到出路。

法则 095

预测一下预料之外的事

当然，你通常不知道什么时候会发生一些可怕的事情，但这并不意味着它不会发生。你可能会意识到考试不及格或你们的恋情注定要失败。然而，有些灾难是突如其来的，比如严重的交通事故。事实上，你可能没有看到考试危机迫在眉睫，或者你的伴侣宣布他要离开你。

灾难往往会在最不可能的时候降临。这并不是要让你浪费多年的生命去小心提防一些可能根本不存在的威胁的理由。当灾难发生时，这是一个不抱怨的理由。如果事情进展得足够顺利，让你产生一种虚假的安全感，那就意味着你比很多人都过得好。所以，不要问“为什么是我”，而应该问“为什么不是我”。

我没说轮到你倒霉了，你就继续待着吧。关键是，如果你感觉受到了不公平对待，你会更难应对困境，你只得勉强承认也许该轮到你遭罪了，这将帮助你越过与命运抗争的阶段（这实际上并没有帮助），进入你承认糟糕之处并继续努力改善的阶段。

你可能真的觉得你是唯一一个不幸经历这种特殊创伤的人，但想想所有你认识的人，他们逃过了这一劫，却遭受了你已经避免的另一场危机。也许那些生活总是如此完美的朋友、兄弟姐妹或同事可能仍然在命运的待办事项清单上，他们会明白这是什么感觉的，只是时间问题。然而，我希望你会为那些没有经历过你所经历的人感到高兴。你当然会，因为你是一名生活法则玩家。

我们大多数人的寿命都很长，麻烦会在不同的时间来袭。我认识一些我以为过得很轻松的人，结果却发现，在我认识他们的几年前，他们已经遭受了一辈子的情感打击，或者他们正面临着一个我没有意识到的重大问题。无论如何，拿自己和别人比较是徒劳的、不可行的，而且也是无济于事的。这就是你现在的处境，这就是你需要集中精力的地方。

灾难有时会成群而至，你也应该做好准备。有时灾难是完全随机的，有时灾难之间是有联系的。比如，你考试不及格是因为你的父亲刚刚去世，或者你经历了一场令人不快的离婚，然后你的孩子患上了饮食失调症。这不是任何人的错，两件事之间通常也没有直接的因果关系，但危机之间可能存在着某种联系。同样，问“为什么是我”也是没用的。这些都是你的生活中突然出现的最初的石头激起的涟漪，你绝对不是唯一一个遭遇这种事的人。

有些考验确实没有好处，但你会惊讶地发现，有些考验是有好处的，尽管这些好处通常需要很长时间才能显现出来。有些人可能会遭遇伤心欲绝的分手，却发现自己随后又开始了一段更快乐的恋情。有些人因为没有达到标准而不得不重新考虑自己的职业，最后他们却庆幸自己没有从事医生、律师等原本他们错过的任何职业。

这就是你现在的处境，
这就是你需要集中精力的地方。

法则 096

接受事实，改变自己

生活中真正重要的事情会改变你，你懂的。变化或多或少、或大或小，但你不会毫发无损地摆脱那些事情。有些事情你能处理得当，而有些事情你只能勉强熬过去。很多人抗拒“克服”这个词，正是因为它暗示着事情会回到过去真实的样子。如果你失去了你的房子，或者你的伴侣去世了，或者你的孩子被诊断出患有一种危及生命的疾病，你知道，事情再也不会像以前一样了。即使你最终买了另一套房子，或者再婚，或者你的孩子康复了，你的状态也不一样了。因为你自己已经改变了，但也许从表面来看，你已经恢复原样。

你知道这一切，你可能以前也经历过，但是，当你觉得你的生活在你身边崩塌时，你要充分把握你的人生，这真的很重要。这就是为什么当你面对重大危机时，你会忍不住与之抗争，拒绝相信危机的存在，并设法改变现实。如果你在生活相对正常的时候舒适地坐着读这本书，[1]那么很明显，这是徒劳的。然而，当你

[1] 请确保你感到舒适，否则你将无法正常集中注意力读书。

陷入困境时，拒绝接受正在发生的事情是一种非常典型的反应。我重复一遍，接受正在发生的事情……

是的，我们已经得出了一个关键词——“接受”（这只是时间问题）。这是一个充满感情色彩的词汇，因为它有时会被毫无帮助地流传开来，人们告诉你，当你还没有准备好时，你应该“接受”现实，而他们不知道这是什么感觉。我支持你。我不会告诉你该怎么做，但我想让你理解“接受”这个词，这样你就能知道“接受”的真谛。

你已经直面灾难了。你正面临着一场重大危机，这就意味着你们中的一个必须付出。你们中的一个必须放弃控制，让自己适应另一个人，做到互相配合。如果危机无法改变，比如死亡、离婚、晚期诊断、经济崩溃，那么，你将不得不成为那个主动适应对方的人。我们又回到了开始的地方……

“接受”意味着你不再与你无法改变的事情抗争，你承认你是那个需要改变、适应、融入这个新世界的人。你不需要喜欢或想要“接受”，这是让事情变得如此困难的原因，但只有当你明白生活中真正重大的事情会改变你，而你需要愿意经历这个过程时，你才能开始治愈自己。这就是你正在接受的事实：事情就是这样，而你是那个必须主动改变的人。

现在，当你准备好了，你就可以开始寻找你需要做出的改变以应对那些无法改变的局面。当你开始这样做的时候，你可以扛起背包，准备出发，开始完成这个漫长的任务。

只有当你明白生活中真正重大的事情会改变你，而你需要愿意经历这个过程时，你才能开始治愈自己。

法则097

接受变化，拥抱变化

几年前我有一个朋友，她在25岁左右的时候和交往多年的男朋友分手了。从她十几岁开始，她就从未缺少过认真交往的男朋友，她是那种一失恋就能找到新对象的人，但这次分手真的让她崩溃了。她确信自己应付不来，没有伴侣的支持，她崩溃只是时间问题。几个月后，她告诉我，她很惊讶自己的精神并没有崩溃。我想，大概六个月后，她才开始意识到，也许她不会崩溃，她自己可以应付得很好。

她的自我意识改变了她。突然之间，她不是她一直以为的那个人了。她是一个有能力的成年人，即使没有伴侣的支持，她也能应付自如，甚至茁壮成长。她变得更加自信，也乐于等待另一段恋情。当她真的进入一段新恋情时，她不那么依赖新男友，她更愿意表达自己的需求，因为她知道，除非她想，否则她不必留下来。

这位朋友的毁灭性分手改变了她，并且永远地改变了她。这是一个例子，说明重大灾难带来的变化往往是一线希望。我们可以花几个月甚至几年的时间拒绝接受已经发生的事情，我们拒绝改变，但实际上这些改变往往是灾难中的救赎。变化并不总是物有所值，但变化是你能从废墟中拯救出来的真正的珍宝。

我看到人们对生活中的重大创伤的反应是变得痛苦、警惕或脆弱，但我看到更多的人变得更坚强、更自信、更善解人意、更灵活变通。当然，有时我根本没有看到这些变化，因为变化只对他们自己可见，也许对他们最亲近的人可见。但这并不意味着变化不存在，只是因为你和我看不到变化。

不管生活让你遭遇了多么糟糕的经历，你仍然可以从中获得这个小小的好处。但这取决于发生了什么，改变的好处甚至可能超过创伤，就像我的朋友一样，她从结束一段无论如何都没有真正让她快乐的恋情中获得了一生的自信和自足。这些变化是她现在的恋情如此成功的部分原因。

我见过很多人过着看似充满魅力的生活，他们所经历的一场危机极大地增加了他们对其他历经艰难者的同理心。所以，享受观察自己的改变吧，此时此刻，你可能值得看到任何一线希望，所以，确保你是众多变好的人中的一员。这又是一个停止与不可避免的事物抗争并接受适应需求的理由。

重大灾难带来的变化往往是一线希望。

法则 098

震惊之后还得回归正常生活

20 世纪 70 年代，我在伦敦工作，我最好的同事兼挚友在一次炸弹袭击中不幸遇难。我必须辨认他的尸体。你可以想象，这对我来说是巨大的伤害，我无法想象他的家人经历了什么。我们的老板给了我几个星期的假，让我接受这个事实。当我准备好了，我又坐上伦敦地铁回去工作了。当我下地铁时，我意识到我仍然无法面对现实，所以，我穿过对面的站台，又回家了。[⊖]

事实是，有些灾难需要比你想象的更长的时间来接受，而且你通常并非处于判断力的最佳状态。早上起床时，我以为自己没事，但事实并非如此。你需要照顾好自己，因为如果你现在给自己足够的时间，最终你会恢复得更快、更彻底。

显然，每次危机都是不同的，我们都是不同的人，所以很难进行比较。然而，值得注意的是，非常突然和意想不到的创伤更有可能引起情感冲击，这是你的大脑应对的方式，也是创伤导致

⊖ 如果你有兴趣，我还想说个巧合事件。当时，我离开车站，坐上回家的地铁，两分钟后，一枚炸弹在地铁站外大街上的一个公共汽车站爆炸了。如果我那天没有折回去的话，我会路过那里。

的压力的一种形式。你可能会感到麻木、怀疑或疏离，或者你可能会愤怒或极度悲伤，害怕事件重演或感觉孤单，这只是给你一个想法，这不是一个全面的情绪清单。你也会感到疲倦、健忘、颤抖、恶心、无法集中注意力。随着时间的推移，这种情况会大大减少，但在某些情况下，这可能需要几个月的时间。

听着，如果你经历了令人震惊的事情，你会感到震惊并不奇怪。你可能只是目睹了某件事，比如一场可怕的交通事故，但目睹本身就是一种经历，作为观察者，你已经成为该事件的一部分。你可能没有意识到自己当时处于震惊状态，尤其是因为在那种状态下你很难清晰地思考。然而，认识到这一点是有帮助的，因为这样你就能更好地照顾自己。

那么，你该怎么做呢？首先，不要逼自己。保持充足的睡眠和休息，不要把自己和其他人隔离开来，最重要的是，让你的大脑和身体告诉你什么时候你准备好回到正常的生活中去了。你不能按照别人的时间表行事，你只要安然地度过这一关。让你的情绪发泄出来，并尽你所能抵制像酒精这样的速效疗法，因为从长远来看，酒精没有任何疗效。这是你需要把自己放在第一位的时候，你得让别人也为你做同样的事情。

我见过人们在这种状态下做出选择，但事后会后悔，你的大脑无法做出平衡的决定，所以，把任何重大的人生决定推迟到你不得不做的时候。例如，不要在你的伴侣去世后马上卖掉房子，也不要辞掉工作。现在就让这一切顺其自然吧，你可以以后再考虑其他事情。现在，你的健康、情绪和身体才是真正重要的东西。

如果你经历了令人震惊的事情，
你会感到震惊并不奇怪。

法则 099

放开悲伤的回忆，拥抱鲜活的新世界

你可以经历或大或小的丧亲之痛，原因有很多。有些人会在离开一份特定的工作、卖掉房子或搬出一个地区时经历这种感觉。它也伴随着许多灾难，从房屋火灾到重大事故。悲伤是一种伴随着失落感的情绪，比如失去了一个家、失去了一条腿、失去了一个所爱的人。这是一种自然的情绪，也是最难处理的情绪。

悲伤如此难以处理的原因之一是它是非常私人的情绪。即使两个人似乎承受着同样的损失，他们也会有不同的感受，他们的大脑也会以不同的方式处理这种损失。所以，这可能是一条非常孤独的路，没有出路，只能继续走下去。

对大多数人来说，最深的悲伤来自于失去亲近的人。有些人会告诉你，悲伤有四五个阶段，也可能是七个阶段，这取决于你问谁。嗯，他们都在胡说八道（通常是那些没有经历过的人告诉你这些）。悲伤有六种左右的情绪，你可能至少会感受到其中的一些，没有真正的顺序，尽管一两种情绪会延续更长的时间，也有很多重叠的地方。其中一些感觉可能会与你擦肩而过。了解这些的价值在于能够对你正在经历的事情有一些感觉，并认识到这是正常的。

这一切都很正常，无论你在做什么或不做什么，也无论顺序如何。

我知道，有些人耐心地等待愤怒的爆发，因为好心的朋友告诉他们，他们一定会感到愤怒，但他们困惑地发现愤怒永远不会来袭。这是一种可怕的、扭曲的感觉，让你心烦意乱，想要到处发泄。如果你跳过了这种感觉，那就放心吧，相信我，你不会想要这种情绪。如果你确实有这种感觉，试着去理解这种感觉本身是你自己的情绪反应。别人可能确实冤枉了你，但你的反应仍然取决于你自己。一旦你最终把这种感觉控制住了（这需要时间），你就离摆脱这种感觉更近一步。

有时伴随悲伤而来的另一种感觉是内疚。你可能根本感觉不到这一点，这是个好消息。然而，如果你确实感到内疚，那么，当你意识到很多人都有类似的感觉时，你可能会感到轻松一点，这是一种自然的反应。你可能会感到内疚，因为不是你，或者你应该阻止死亡或灾难（事后诸葛亮不是很好吗？显然，如果你当时知道这一点，你肯定会这么做的）。你可能还会对享受任何事情或再次感到快乐感到内疚，好像你停止悲伤的那一刻，你就停止了关心。是的，一切正常。虽然心痛，但也很正常。

所以，不管你是否发现自己在否认，或与命运讨价还价，或沮丧，这完全是个人的事。只要记住，这些都是你必经之路的一部分，你才能穿过并走出另一边。每个人的道路都不一样，但总会过去的。你会改变，你会伤痕累累，但你也会变得更聪明，并最终准备好拥抱陌生的新世界。

这一切都很正常，无论你在做什么或不做什么，
也无论顺序如何。

法则 100

可以原谅，但不会遗忘

你还在生谁的气，或者也许只是在表面下默默愤怒？谁是你不想放过的人？你不想接受谁的解释？你认为谁不值得你原谅？谁需要为他们对你或你爱的人所做的事受到惩罚？你需要继续对谁感到愤怒、痛苦或怨恨？也许你的父母不称职，也许你的生意伙伴欺骗了你，也许你的孩子从不来看你，或者也许你的伴侣有外遇。

有些人有很多怨恨，有些人只有一两种主要的怨恨情绪。人们很容易觉得，只要你怀恨在心，或者继续推卸责任，或者继续重温伤害，你就可以继续惩罚那些冤枉你的人。但是，稍等一下，你到底在惩罚谁？我得说最痛苦的人是你。愤怒、痛苦、怨恨的感觉……这些感觉一点都不好玩。它们在你的脑袋里嗡嗡作响，就像一群蜇人的蜜蜂。你已经受够了，为什么还要带着这种感觉生活呢？

我们很容易拒绝原谅别人，因为我们觉得原谅别人意味着遭遇冒犯不要紧，或者冒犯早已被遗忘。当然，关键在于，原谅别人并不是说你会忘掉你的遭遇。“原谅并遗忘”是个倍受质疑的表达。在任何情况下，“原谅”和“遗忘”都不必成双成对。

“原谅”归根到底是一种接受（参见法则 096），你这样做是为了自己，而不是为了他们。一旦你认识到你无法改变过去，你必须找到一种方式与它共存并适应它，这样，你会感到更自由、更快乐，这是你应得的。

如果你曾经告诉他们你对他们很生气，你现在甚至不需要告诉他们你已经原谅了他们。你可能从来没有告诉过你的父母，你把你不幸的童年归咎于他们。另外，你可能因为朋友对待你的方式而与他们大吵一架。但这与他们无关，所以一旦你原谅了他们，如何处理这些信息就取决于你了。不管怎样，你都不会忘记你的童年，也不会像以前那样信任你的朋友。但你已经接受了过去。

就我个人而言，一旦我从母亲的角度看待我的童年，我就学会了原谅她。我意识到她自己可能不快乐，也不适合为人母，但她至少独自带大了六个孩子。我没有想到她的方法会对我们所有人产生影响，公平地说，在 20 世纪五六十年代，父母们几乎没有考虑到这一点。你只需要一点点善解人意，就能接受别人的行为，而不必为之辩解。

所以，你要多一点善意和体谅——为了你自己。找到一种方法来接受已经发生的事情，让它成为过去。不是遗忘，而是接受。关闭文件，并将其安全归档，当你需要时可以查看，而不必乱翻，也不会弄皱，无须重新整理。感觉好些了吧？

你会感到更自由、更快乐，这是你应得的。

第十二章

附加法则：精神法则

如果你想过上充实和健康的生活，那就建立丰富的精神维度。我的意思是培养一种与比自己更重大的事物建立联系的感觉，它让你的生活有了新的视角，你会赋予它意义，它会带给你内心的平静。

许多人通过宗教来达到这一目的，这绝对击中了要害，但这不是感受精神的唯一方式。无论你信仰哪种宗教，或者不信仰哪种宗教，好处都是有的。我不提倡任何特定的方法，因为法则讲的是实际可行的方法，而不是我们认为的什么应该起作用或希望什么能起作用。事实是，无论你信仰什么，你都能挖掘到精神维度的丰富源泉及其带给你的一切东西。

与更广阔的世界联系的感觉将是令人振奋的，每一天都是值得的。当你遇到困难的时候，这种联系会让你振作起来，帮助你走出困境。所以，本章讲述了 10 条附加法则，无论你是否已经拥有了强大的精神生活，它们都会对你有所帮助。

法则 001

你得有一套信仰体系

有大量的研究表明，拥有信仰体系的人比没有信仰的人更快乐，在遇到麻烦时更能感受到支持的力量。但没有研究表明任何一套信仰体系比其他体系更能实现这一点。重要的是，你要相信比你自己更重要的东西。

当然，有些信仰对我们大多数人来说比其他人更有效。很明显，如果你狂热信奉某种只会找借口打击你、痛击你、让你遭受瘟疫或其他惩罚的神灵，你是不会感到慰藉的，你还不如相信某件事或某个人支持你（或者至少不是反对你）。

你可以追随世界上有组织的宗教之一。如果你是一个真正的信徒，这将使你成为一个幸运的人，因为你已经跨越了许多困难，本条法则的服务对象是那些想要有信仰但似乎无法做到的人，以及那些对信仰没有兴趣但希望在自己的生活中添加精神元素的人。无论你是否定期参加斋戒、仪式等，信仰都能带来精神生活的所有好处。你是严格遵循还是吊儿郎当，这是你和你的宗教之间的问题。为了本条法则的宗旨，无论如何你都要勾选“信仰”选项。

但如果你就是没有信仰呢？如果你走过场，你就是在装模作样，因为你无法想象有什么神圣的东西，或者有什么来世，怎么办？如果你想要信仰带来的精神慰藉，你需要继续去寻找神圣的东西。你需要找到你能相信的东西，让你的生活变得有意义。如果宗教对你不起作用，那就去找别的信仰。

我不太愿意给人文主义下定义，因为它是非常个性化的，有不同的形式。但许多人文主义者在信仰中找到了精神上的安慰：就是这样，此时此地，重要的是专注于尽力过上最好的生活，尽你所能为人类的福祉而努力。对于许多不相信神灵的人来说，这本身就是一个大蓝图。

许多人发现，自然界是一个巨大的安慰来源，无论是独自一人还是有自己的信仰，都会依赖大自然的慰藉。大自然并不完全站在你这边，这与意识无关。但是，如果你坐在悬崖上看着海浪撞击下面的岩石，你会萌生一种通透感，你会意识到自己的担忧在大图景中是多么无足轻重，这真是太神奇了。

所以，继续思考、辩论、探索，直到你找到你真正相信的东西，让你脱离世俗，进入精神世界。它将为你的生活增添一个新的维度，一个全新的目标和力量的源泉。

重要的是，你要相信比你自己更重要的东西。

法则 002

寻找一个精神维度

我们已经确定，我们应该规划大蓝图。做事的时候有个宏大的计划，对事情的整体价值有个全面的认识，这是健康和有益的做法。如果你还没找到这个答案，那就去寻找一个适合你的答案。它会给你的生活一个精神维度，让你感觉自己是一个伟大蓝图的一部分，当你需要的时候，它会给你带来慰藉。它是一种你可以在日常生活中以某种方式与之联系的信仰体系。

你可以从探索这些信仰选择中获得乐趣。你可以和别人谈谈他们的精神生活，你可以阅读、研究甚至尝试其他选择，看看它们是否适合你。你不必今天就找到你的答案，然后一辈子都固守这个答案。今天就开始寻找，因为寻找的过程本身是有益的，它会让你专注于寻找更广阔的视角的重要性，所以，如果需要一点时间也没关系。只要你积极地去寻找，而不是把它搁置一边。

我认识很多人，他们是在某种宗教中长大的，但随着年龄的增长，他们发现，这种宗教没有给他们所需要的东西，或者他们无法相信这种宗教。他们可能变成了无神论者，或者改变了宗教信仰，或者转向了原来宗教的不同版本。当然，很多人走的是另一条路，一开始没有特定的宗教信仰，但后来却信奉了一种宗教。所以，虽然你选择的道路可能会给你带来你一生所需要的东西，但如果你达到了改变信仰的程度，也没关系。质疑自己为什么相信自己所做的事情，这总是好的，当然，这有时会让你改变自己的观点。

记住，永远不要忘记，你在寻找比你更重要的东西，并把你的生活和你的担忧放在正确的角度。所以，不要陷入让一切都以你为中心的陷阱。

你不是在“寻找自我”，也不是在专注于让你兴奋的事情。这与你在这里想要达到的目标背道而驰。听着，我住在格拉斯顿伯里（英国的新时代中心），所以，我知道人们如何寻找自我。我从没见过他们这么开心过。事实上，他们中很少有人能找到自我。为什么？因为这样他们就不得不停止关注自己，而他们也很享受这一点。

你当然想找到适合你的东西，但重点是东西，而不是你自己。你在追求一些让你觉得不重要的东西，以最好的方式把注意力从你的身上转移开。所以，从你想要的东西开始，并确保事情的焦点是东西而不是你。

不要陷入让一切都以你为中心的陷阱。

法则 003

庆幸不是你说了算

听起来很可怕吧？如果不是你说了算，那是谁？我不能回答这个问题。也许没有人，也许有人。但我能告诉你的是，那不是你，也不是我。所以，是的，这可能是一个非常可怕的想法，除非你非常确定有一个支持你的老板。

不过话说回来，知道自己不需要为此负责也是一种解脱。无论你在人生道路上遇到什么，都不是你的错。是的，你当然要对你的反应负责，但那只是我让你做的。剩下的都归别人管了。

生活也会打击你，当然会。这就是它的工作原理。你不可能在这个星球上一帆风顺地度过 70 年甚至更久而不会遇到一些相当不愉快的事情。但是，这不是你的错。因为你不是管事的。你依然需要处理那些不愉快的事，但你没有必要感到内疚，也不必负责任，更不用责怪什么。不，你可以坚定地把矛头指向老板（不管你认为老板是谁），或者指向命运（不管是不是命运）。

既然你说了不算，就不能指望你知道下一个转角会发生什么——可能是好事，可能是坏事，可能只是无聊而已，但生活的一半乐趣是看着接下来会发生什么。坐下来，好好享受吧！谢天谢地，不是你说了算。毕竟，你只会把事情搞砸。哦，你会搞砸的。我们每个人都会搞砸的。你试图让一切都变得可爱，然后就会出现意想不到的后果，你要为此负责。所以，你不用编排一切，不用承担任何责任，这真是一种解脱。

没有必要问“为什么是我”或“为什么会发生这种事”。你不需要知道答案，这超出了你的职权范围。你只需要接受一些事情。还记得你在幼儿园的时候，老师告诉你该怎么做，而你没有质疑？你只是接受了你今天早上必须读书，或者你必须在午饭后小睡一下[一]，或者你必须在下雨的时候在运动上衣外面再套一件雨衣。在那些日子里，接受更高的权威是很容易的，尽管随着年龄的增长，我们有了更多的选择，但在大事上，什么都没有改变。让宇宙来决定吧，你只管接受就好。真是一种让人安心的感觉。

当然，正如我前面所说的，你仍然要对自己的行为负责。你仍然要尊重你周围的人和你生活的世界。但责任就到此为止了。

让宇宙来决定吧，你只管接受就好。

[一] 现在还有地方这么做吗？在我的学校，我们都要睡半个小时。我一点也不累，只是躺在他们给我们的一张小小的行军床上，睡不着觉，觉得无聊。但我记得我没有质疑。这只是我们每天法定的无聊的半小时。

法则 004

不要害怕考虑死亡

天呐，眼前突然一片黑。我们为什么要考虑死亡？因为不管怎样，死亡是生命的意义所在。我们都将死去，我们在这个世上的时间有限，这一事实告诉我们，我们应该如何利用我们拥有的时间。

我在这里无法给出全部的答案。那不是我的工作。我只是想告诉你，那些对死亡有自己看法的人通常会更容易理解生活对他们来说是什么。死和生，就像阴和阳，阴阳调和，两者紧密相连。你真的无法离开阳而理解阴，或者离开阴而理解阳。

大多数宗教都认为死后有某种形式的生命。正是对这一切的期待决定了你的生活方式。我们通常有一种感觉，某种审判过程将会发生，其结果将由你的生活方式决定。你死后发生的事情给了你一个好好生活的理由。这两者有着内在的联系。

那如果你不相信死后会有什么，也不相信死后一切都沉寂了，又会怎么样呢？当然，这对你的生活方式也有影响吧？你可以听天由命，决定在你活着的时候吃喝玩乐。如果这对你有效，那很好，但你仍然是基于你认为你死后会发生什么或不会发生什么来做决定的。

有些人相信死后什么都没有，并以此为动力，在力所能及的情况下尽可能多地为这个世界做些善事。他们不相信有第二次生命，所以这是他们唯一的机会，他们要以任何适合的方式去为后来者创造一个更美好的世界。

他们中的一些人发起活动，带头做慈善事业，另一些人选择在自己的社区里做一些小小的善举。但他们都被驱使着以一种使他们的信念变得有意义的方式生活，那就是之后什么都不会发生。

看到了吗？如果你想从更广阔的视角理解你的生活，你必须考虑到你认为接下来会发生的事情。我相信，与其他精神信仰不同的是，在你死后，你所爱的人会继续带着你给予他们的爱生活。他们仍然有一种值得被爱和被关心的温暖感觉。当你活着但不在家时，他们会有这种感觉，这证明你的身体存在不是必需的。所以，在你死后，他们可能还会拥有你的爱。我知道我还能感受到某些人的爱，虽然他们已经不在了。这激励我确保我真正爱的人充分了解这一点，这样，当我驾鹤西去时，这种感觉永在，不会随我的尸身而去。

你不必相信我所做的或其他人所做的，但如果你想找到对你有意义的精神寄托，你必须考虑到你所相信的在你死后会发生的事情。

死亡是生命的意义所在。

法则 005

每天花五分钟什么都不做

如果你从来没有接触过某个东西，那就不要相信它是比你自己更重要的东西。它需要成为你日常生活的一部分，才能让你每天受益。

就像任何关系一样，你必须学会沟通，否则就会失去你得以维持的纽带。很多宗教都要求你每天进行一次仪式，正是因为这个原因，它会让你的宗教在你的脑海中占据首要位置，并帮助你在需要的时候进入宗教信仰模式。这些通常采取的日常祈祷的形式，是你与你的信仰独处的时间，要与任何公共的敬拜行为分开。

挖掘拥有一套信念的所有好处是非常重要的。如果你已经信仰了一种对你有用的宗教，那就认识到为什么每天祈祷很重要，至于怎么祈祷，这并不重要。

如果你不信宗教呢？你怎么能向自己都不相信的东西祈祷呢？好吧，你不必祈祷。你只需要把你的头脑从日常的想法、忧虑和成见中抽离出来，集中注意力去思考更大的蓝图——是的，你的更大的蓝图。在上一条法则之后，我希望你越来越清楚自己的未来愿景。

每天花五分钟什么都不做。不要喝茶，否则会变成茶歇时间；不要戴上耳机听音乐，否则会成为音乐娱乐时间。什么都不做，停下来，关掉无关的声音，专注于更高层次的事情；或者，什么都不做。

就我个人而言，我喜欢坐在外面的花园里畅饮，聆听鸟鸣和树叶的沙沙声，呼吸鲜花的香味，微风拂面，心旷神怡。请注意，如果是在阴雨绵绵的一月下午，这就很难做到了，或者对于那些不喜欢户外空间的人来说，也是无法享受的。所以，在寒冷的日子里，我会找一个安静的室内地方，想象这些美好的事情。幻想的效果几乎和现实一样好。

如果我住得离海岸近一点，即使在寒风凛冽的冬天，我也可以在悬崖上散步，这能达到同样的效果。我还可以站在一个城市的屋顶露台上凝视夜空，这也是相当美妙的。事实上，这些事情与我所知道的任何宗教都可以兼容，它们只是与你选择的任何事物联系的方式。当你没有时间或机会出去时，你可以发挥你的想象力。如果你用心留意的话，这五分钟的放空时间还可以有其他的内容，比如提醒自己今天要感恩的所有事情（参见附加法则 009）。

每天花五分钟什么都不做。

法则 006

创建自己的正念小仪式

每天花几分钟与你的精神自我联系，这是十分重要的做法。什么都不做，或者与自然或星星交流，这是一种很棒的方法。你也可以选用其他的方法，其中很多方法的核心是你得有一种仪式感。

仪式的好处之一就是它能成为一条心理捷径。你不需要努力去做你以前做过一百次的事情。你的睡前仪式是为了帮助你在忙了一天之后安然入睡。仪式的另一个好处是在熟悉的重复中有一种舒适感，所以，当你需要仪式感的时候，沏一杯茶的过程也可以让你感到安心（先把水壶放上，开始烧水，然后把杯子从橱柜里拿出来……）。

所以，如果你在寻找一种精神仪式，那么，你想要的是一种能让你与更重大的事物建立联系的捷径。比如，有些重复的东西变得越来越熟悉，因此让人感到安慰。这是许多宗教仪式的主要目的，但它们并不是达到超越状态的唯一途径。你可以从任何地方借用仪式或创建自己的仪式来帮助你利用每天五分钟左右的时间，直接把你带到你想要的精神状态。一旦你的仪式成为一种习惯，它就是你在忙碌的一天中找到那些在精神层面上感到熟悉和安心的时刻的捷径。

你要做的是创造一个头脑空间，专注于自己之外的事情。这意味着，你要摆脱自我意识的束缚。我的一个朋友告诉我，她经常做瑜伽，因为瑜伽让她处于一种自我解放的状态，在这种状态下，一切都与她无关。她不信教，但她说这是一种能量的流动，瑜伽姿势的正确与否并不是重点，重点是她可以和更重大的事物建立联系，她知道她的思想和身体可以和谐相处。

有些人喜欢在他们的仪式中加入象征意义，例如，点燃一支蜡烛来代表纯洁，或者用一种特殊的颜色来象征他们想要的情感（比如，平静或爱）。烟熏或燃烧草药也可以做到这一点，当然，气味可以调节你的情绪，给你提供一条心理捷径，让你直接到达你想要的头脑空间。

你真的可以设计任何你喜欢的仪式。比如，你可以规划坐着、躺着或站着的位置，以及你周围放置的物体；你也可以设计你的气味、你的动作、你说的话（如果你愿意说的话）。在创建你的仪式时，你可以选择在室内，也可以在室外；你可以选择一天中的任何时间。你只要找一些你喜欢的东西帮助你建立你想要的联系就好。

记住，你每天都要做个小仪式。是的，我知道，有时孩子们会生病，或者工作很忙，但不会这么不凑巧。至少你每天都要做个小仪式。所以，为自己创建一个即使在你很累、离家在外或大雨滂沱时也能实现的仪式。天气好的时候，你可能会有一个更长版本的仪式。但是，如果不点 17 根蜡烛、在户外脱光衣服、大声念叨就不算完整的仪式，那么，当你去拜访姻亲时，会有点小尴尬。

你要做的是创造一个头脑空间，
专注于自己之外的事情。

法则 007

列出自己的法则小清单

我们可以直接从世界公认的宗教中借鉴类似的法则。大多数人已经用了几个世纪甚至几千年的时间去开发那种真正帮助他们的追随者拥抱精神生活的精神信条和实践，以及由此产生的所有益处。

许多宗教都有一套法则来指导信徒的生活。如果你还没有信仰这些宗教，为什么不创建自己的一套法则呢？即使你这样做了，也没有人说你不能创造一套兼容的个人原则，或者找到一些与你的办公室工作更相关的东西，只是不要觊觎邻人的神物。

所有这些戒律或法则的共同点是它们表达了一套价值观。他们中的许多人都规定你应该诚实，或者非暴力，或者不偷窃。我认为，这是我们都可以支持的事情。其中一些在现代世俗世界中似乎有点过时，但这并不意味着一套公开表达的价值观体系会过时了。

因此，如果你打算扩展自己的精神生活，这是一个很好的起点。你可以把你想要遵循的法则列在一起，你要相信它们会让世界变得更美好。事实上，这只是一份你所信仰的价值观的清单。

你在寻找一些值得相信的东西，是吗？如果是这样，这是一个完美的起点。如果你已经有了一个信仰体系，这是你用日常实践去表达你的信仰体系的好方法。

你的价值观清单上有什么呢？别问我，这是你的清单。我建议你尽量简短一些。大多数宗教都有几百条戒律，这很好，但在日常生活中不是很有用。所以，你不是要列出你所相信的一切，而是要列出经过编辑的精华部分。

当你开始做这件事的时候，你就会意识到，思考的过程和最终的清单一样重要。根据你的世界观，你可能会把动物福利或环境问题放在你的关键价值观列表中；或者，你可能会非常关注其他人。这是你的生活，你可以选择你要把你的人生奉献给什么。我将告诉你我的一些想法，但它们不一定会成为你最终选择的版本：

- 每次互动的目的都是提升别人的情绪。
- 你可以自由地做任何你想做的事情，只要不伤害别人。

现在，每当你在道德选择或棘手的伦理问题上犹豫不决时，你都可以参考你的指导原则，让它们帮助你决定什么是可以接受的、什么是不可以接受的。你会将你朋友的伴侣出轨的事情告诉你的这位朋友吗？如果你讨厌聚会，但你的妹妹希望你去参加她的 30 岁生日派对，你会去吗？你会向你的老板谎称你生病了，而实际上你是喝醉了吗？有时你不喜欢这个答案，但你知道你在做你相信的事情。

你在寻找一些值得相信的东西，是吗？

法则 008

花点时间回归大自然

不管你怎么看，大城市（大到没边，你无法轻易走到尽头）伴随我们的时间远不及人类已经存在的时间。换句话说，我们一直生活在大自然的怀抱里，直到生命的最后一刻，无论我们身处世界的哪个角落，都被乡村包围着。事实上，我们许多人都一直在构成人类自然栖息地的草地、树木、沙子、岩石和水之间穿梭着。

一项又一项研究表明，置身于大自然中可以减轻压力、促进健康，这一点也不奇怪。所有维多利亚时代的人生病后都去乡间疗养，这是有道理的。住在大城市，甚至住在你几乎从未离开过的城镇，都是不自然的。你可能喜欢热闹、享受夜生活、参观画廊、享受探索商店，这些都很棒，但不要忽视你渴望回归自然世界的那一部分。

时髦的大城市日新月异，商店倒闭，新建筑拔地而起，道路扩大……但出了城，时间就慢了下来。草地、树木、山丘和河流，一如既往。当然，几个世纪以来，它们也发生了一些变化，比如，曾经的田地变成了森林，某一条小溪可能干涸了，某一片草地可能变成了沼泽。但大多数变化发生的速度非常慢，我们都没有意识到。

这意味着开放的绿色空间有一种永恒的品质，更像是整体图景的一部分。是的，我说的就是我们一直在谈论的大图景。这是我们人类的归属。显然，大图景让我们身心都感觉更好，也帮助我们在精神上与比我们更重大的事物建立联系。那是一些永恒不变的东西，也是我们可以依靠并从中得到安慰的东西，还是让我们考虑到人类小生命所处的自然大背景。

如果你感兴趣的话，告诉你一个好消息。某项大规模的研究发现，为了身心健康，你必须每周花两个小时（或者更长时间）置身于大自然。两个小时是一个明确的界限，真是太神奇了。更重要的是，你不必一次花两个小时，你可以分几次去拜访大自然。

所以，如果你想与伟大的蓝图、美好的户外、不受时间影响的快乐建立联系，最好的方法就是走进户外的绿色空间。如果你住在城市里，去公园或坐在花园里就足够了。如果你足够幸运，可以去更广阔、更荒芜的地方，那就更好了。在海边度过一个周末，或者假日散步，或者只是坐在世界上美丽的自然之地，这些都会给你带来精神上的好处，同时还有其他好处。

不要忽视你渴望回归自然世界的那一部分。

法则 009

抽点时间来感恩

你可能会惊讶地发现，“感恩”这个简单的行为可以帮助你与自己的精神世界建立联系。我指的不是你给我递盐时我说的一声轻快的“谢谢”，也不是你给我发那个电话号码时我说的一声愉悦的“谢谢”。发挥魔力的不是语言，而是感觉。如果你正确地思考你应该感激什么，而不是沮丧、不安、愤怒或失望，它会给你一个新的视角。它让你觉得自己是生活的受益者，而不是受害者。

感恩有着悠久的精神历史。许多宗教主张以这样或那样的方式计算你的祝福。事实上，“感恩”这个词与“恩典”这个词有关，它来自于一个原意为庆祝或赞美的词，非常具有精神意义。饭前祷告是为了表达感恩。当美国的开国元勋设立感恩节时，他知道自己在做什么。许多国家都有一个全国性的感恩节，有时恰逢丰收节，而丰收节也是一个关于感恩的节日。

我希望所有这些都表明，感恩和精神感受之间存在着一种既定的联系。但不要盲目听信我的话，你自己试试吧！找时间想想那些你应该感恩的事情，可以感谢那些事件的负责人，也可以感谢其他人。我喜欢在睡觉前这样做，因为这是一个很容易养成的习惯。我回顾我的一天，只关注积极的事情。比如，我幸运地找到了一个停车位；又如，和一个可以逗我笑的人畅谈，或者和一个以某种方式帮助我的人交流。

当然，你不必在睡前做这些事情，你可以找时间想想让自己感动的重大事物。不仅感恩今天的积极因素，还有生活中那些重要的事情。你是多么感激你遇到了你的伴侣，或者你生活在世界上美丽的地方，或者你有一份喜欢的工作，或者你的孩子已经长大成人。每当你决定做某事时，让它成为一种习惯，去想那些让你感动的东西，那些在某种程度上让你的生活变得更好的东西。

有一天，我和一个朋友聊天，他在沉思（很多人在我这个年纪都喜欢沉思）衰老带来的挫折——疼痛和痛苦，疾病，精力骤降。如果你沉迷于这样的消极思考，衰老确实是相当痛苦的事情。然而，也有很多事情值得感激。几乎所有人在 70 岁时都比 20 岁时更快乐，我们不必再强迫自己去做我们一直讨厌的事情。[㊀]无论如何，年老的我们更善于说“不”，没有人想重温那些青春期的荷尔蒙，我们不再怕难为情，对工作也更放松……这里有一长串的积极因素。感恩让我们专注于这些积极因子，它们让我们乐观地看到杯子是半满的，而不是悲观地认为杯子是半空的。

所以，加油吧，接受我的建议，抽点时间来感恩。你会为此感谢我的。

它让你觉得自己是生活的受益者，而不是受害者。

㊀ 对我来说，一直讨厌的事情就是“泡吧”，而有些人则称之为“尬舞”，比如迪斯科。

法则010

回报他人的善行，让爱传递

如果你真心想让世界变得更美好，既因为它促使你这么做，也因为你相信它，你就会想要遵循这条法则。无论你潜在的精神倾向是人道主义的，还是你遵循任何助人为乐的信仰体系（大多数人都这样），回报他人的善行会帮助你感觉自己是一个大整体的一部分，也是人们相互帮助的伟大循环中的一个参与者。

如果你还不知道怎么让爱传递下去，我告诉你一个非常简单的原则。“回报他人的善行”的意思是，如果有人帮了你一个忙，你就会继续帮别人一个忙。你帮助的对象也会为另一个人做同样的事，这样善意就会传播得很远。你不会因为没有回报最初的恩惠而感到难过，因为你已经回报了，只是回报的对象不是当初发起恩惠的人。当然，这一原则并不妨碍你在机会出现时回报当初的恩人，也不妨碍你在可能的情况下把爱传递给其他的人。

这个概念让你真正意识到你在更广泛的“人类互相支持”的循环中所扮演的角色，这是精神感觉的来源。当你相信它时，它就会成为无数随机善举的理由。这不是对某个特定帮助的偶尔回应，这是你为别人做一切事情的动力，而不期待直接得到回报。善有善报，恶有恶报。你可能已经打算在任何你看到需要的地方帮助任何你能帮助的人，毕竟你是一名生活法则玩家。如果你有意识地传递善行，你也会收获精神上的好处。

本杰明·富兰克林（Benjamin Franklin）曾经借钱给另一个人（事实上，他可能不止一次这样做，幸好他留下了一封阐明自己意图的信）。他要求这个人不要直接回报他，而是将来为其他需要的人做同样的事情，并且同样的条件是，后来者们要让爱一直传递下去。以此类推，传递得越久越好。富兰克林解释说，这是一种用很少的钱做很多好事的方法。

当然，这不仅仅是钱的问题，还完美地阐明了一个道理。你正在传播帮助、善意、善良，并做了更多的好事，而不是简单地把恩惠还给最初的施恩者，然后就这么算了。这有点儿像一封驱逐内疚情绪的“连锁信”。你不需要金钱或财产，你只需要精神上的慷慨，而这是我们都能负担得起的。你和其他所有与你一起付出的人让这个世界变得更美好。这真的会让你觉得自己与比自己更重要的事物建立了联系。

这有点儿像一封驱逐内疚情绪的“连锁信”。

第十三章

其他不可错过的人生智慧

我要谈的不仅仅是你的健康和幸福，你懂的。如果你很聪明，你会想要学习那些成功人士在生活、金钱、工作、人际关系、育儿、管理、思考方面的行为方式。幸运的是，通过多年的观察、提炼、筛选和总结，我已经把真正有意义的东西变成了方便的法则。

我一直希望不要把这些基本的法则延伸得太远，但根据读者的巨大需求，我已经解决了那些影响我们所有人的重大领域。因此，在接下来的几页中，我会从我的其他法则书中挑出几条法则让大家先睹为快。

我想看看读者朋友的想法。如果你们喜欢，每本书里都会追加几条其他法则书里的法则。

帮助别人会让你感觉良好

在某种程度上，我并不提倡打破“为自己打算”的法则，但我并不按照一般的意思来加以诠释。通常的暗示是，你应该专注于自己的需求，而不是别人的需要。事实上，就像镜子里的世界一样，我发现，如果你真的想感觉良好，就需要把自己的愿望暂且搁置一边。

我的一个孩子让我明白了这条法则。大约在他 12 岁那年的一个晚上，他放学回家，说他今天过得很开心。他曾帮助一位遇到各种问题的朋友，也曾倾听另一位想要发泄内心挫折感的朋友。然后，他注意到办公室的一个工作人员在费力地搬东西，所以他就插手帮忙了。他告诉我今天是个阳光灿烂的日子，用他的话来说，是因为“我喜欢帮助别人，这让我感觉良好”。

我恍然大悟，意识到他已经把我多年来没能表达清楚的东西简明扼要地表达出来了。不知怎么的，他的措辞如此简单，以至于一切都顺理成章。我早就注意到，总是帮助别人的人似乎是最能获得满足感的人。我的儿子已经发现帮助他人的举措可以提升自我形象。

这条法则对幸福人生的重要性怎么强调也不为过。帮助别人的壮举确实会给你一个强大而积极的自我形象，这反过来又会帮你建立信心。这能让你不去想自己的问题，也意味着你更喜欢自己。这是我所知道的最接近心理万能药的方法了。

无论你是把精力放在自己的家人身上，还是放在你从未见过的远方的人身上，似乎都无关紧要。你可以把你的一生奉献给慈善事业，也可以花时间照顾你的孩子。

你可以每周帮邻居购物，每周花一天时间参加当地的慈善活动，成为一名全职医生，或者只是留意每天提供帮助的机会。很明显，你需要始终如一地获得那种良好的感觉。如果你每周为慈善机构奉献六天，然后在回家途中的大街上一脚踹倒遇到的一个老太太，这是不好的。你需要始终把帮助别人放在第一位。

然而，这并不意味着你不应该有自己的时间。你不需要没日没夜地出去找需要帮助的人。别担心，你仍然可以在晚上把脚跷在电视机前。你可以玩得开心，可以去度假，也可以在晚上邀朋友一起出去狂欢。你不必改变你的生活（除非你想）。它是一种展望，一种态度，一种默认设置。只要你觉得有需要，就伸出援手，甚至舍己为人。你会意外地发现，该法则里的“自己”貌似颇为满意。

如果你真的想感觉良好，

就需要把自己的愿望暂且搁置一边。

你会变老，但不一定变得更睿智

有这样一种假设：随着年龄的增长，我们会变得更睿智。恐怕不是这样的。实际上，我们会继续做同样的蠢事，仍然会犯很多错误，只是我们犯的是以前没犯过的错误。我们确实会从经验中学习，可能不会再犯同样的错误，但是现在有一个大坑，里面全是各种新错误，它正等着我们被绊倒且跌进去。应对的秘诀就是接受这个事实，在犯了新错误时不要自责。所以，本条法则其实要告诉你：当你把事情搞砸时，要善待自己。你要宽恕自己，并接受“我们会变老，但不一定变得更睿智”这个事实。

回首过去，我们总是能看到我们犯的错误，但却看不到那些隐藏的错误。智慧不是指不犯错误，而是指学会在犯错后带着尊严和理智全身而退。

当我们年轻的时候，衰老似乎是发生在老年人身上的事情，离我们很远。但其实，衰老发生在每个人身上，我们别无选择，只有接受它，与它一起前行。无论我们做什么，无论我们是谁，事实就是，我们都会变老。随着年龄的增长，这个变老的过程似乎会加快。

你可以这样看待这件事：你的年龄越大，你涉及的错误类型就越多。我们总会碰上一些新错误，在这类错误中，因为没有指导方针，所以我们就会处理不好，会反应过度，会出错。我们越灵活，越喜欢冒险，越热爱生活，就越会探索更多新道路——当然也会犯错。

只要我们回顾一下过去，看看在哪里犯了错，并下定决心不再犯这些错误，就行了。请记住，所有适用于你的法则同样适用于你周围的人。

他们也都在变老，但并没有哪个人变得更睿智。一旦接受了这一点，你就会对自己和他人更加宽容、友善。

最后，时间确实可以治愈你。随着年龄的增长，很多事情确实会变得更好。毕竟，你犯的错误越多，就越不可能出现新的错误。最好的情况是，如果在年轻的时候就把很多错误都犯了，以后就不用吃那么多苦来学习。而这正是青春的意义所在，它让你把所有能犯的错误都犯了，不给你今后的人生挡道。

智慧不是指不犯错误，

而是指学会在犯错后带着尊严和理智全身而退。

不要害怕观点不一致

有人认为，“独立思考”是件可怕的事情。谁知道独立思考会把我们带向何方？你的原则和信仰可能会让你花时间在一起的人觉得不舒服。你会发现自己处境艰难。你可能不得不勇敢地承认自己对某些事情的看法是错误的，或者至少不是正确的。成为独立思考者的障碍之一是害怕观点不一致。

听着，这是可以理解的，但你得慢慢来。世界上还没有“思想警察”——至少现在还没有。没有人需要知道你在想什么，除非你准备好让别人知道。你不必让你的家人坐下来说：“我需要你们所有人都知道，我认为你们的生活方式是错误的，我对此完全拒绝。”独立思考不需要分享你的新信念，除非你愿意。

如果你开始结交不同背景和信仰的朋友，这一切都会变得容易得多——这只是这样做的好处之一。一旦你走出了“回音室”，拥有独立的想法，就会更容易被人接受，你会很高兴认识那些同意你新想法的人和不同意你新想法的人——两者都很有趣，也很令人愉悦。当然，你也必须接受别人的不同，不要因此而感到威胁。听听他们的意见，然后自己拿主意。

如果你习惯于同意周围所有人的观点，那么，当你说你不同意别人的观点时，当然会让人失望。所以，等到你准备好了再说，还要准备好让他们感受到你的威胁。如何处理这个问题取决于你自己，但如果你事先考虑清楚，就会对自己的选择更满意。我想补充一点，如果你尊重别人的观点，对方也会更尊重你的观点，这是理所当然的。不出所料，我观察到，那些尊重别人观点的人，即使有时不认同对方的观点，也比那些不能接受不同观点的人更受欢迎。

你的独立思考不仅仅涉及思想、价值观、政治和宗教。你需要在工作和实际事务中独立思考。如果你和其他人一起工作，当你第一次说“我认为有更好的做事方法”时，你可能会感到害怕。但试一试——保持真切的、尊重的和不挑剔的态度，你会发现自己得到了积极的回应。如果你仔细思考过，你可能是对的，对方会欣然接受。如果他们说服你，说你的想法并不像你想的那么好，不要往心里去，请独立思考，分析他们的评论，也许他们是对的。所以，请立即磨练你的思考技能，为了下一次思想碰撞的成功，请不要拖延。所有的独立思考者都需要一点勇气——看看伽利略或达尔文——只需要你的同事说“这是个好主意”，下次你就会备受鼓舞地表达自己的想法。

如果你尊重别人的观点，

对方也会更尊重你的观点。